W9-ABM-719

ISNM

INTERNATIONAL SERIES OF NUMERICAL MATHEMATICS
INTERNATIONALE SCHRIFTENREIHE ZUR NUMERISCHEN MATHEMATIK
SÉRIE INTERNATIONALE D'ANALYSE NUMÉRIQUE

VOL. 23

Numerische Methoden bei Optimierungsaufgaben

Band 2

Vortragsauszüge der Tagung
über Numerische Methoden bei Optimierungsaufgaben
vom 18. bis 24. November 1973
im Mathematischen Forschungsinstitut Oberwolfach (Schwarzwald)

Herausgegeben von
L. COLLATZ, Hamburg, W. WETTERLING, Enschede

1974
BIRKHÄUSER VERLAG BASEL
UND STUTTGART

ISBN 3-7643-0732-3

Vorwort

Am Mathematischen Forschungsinstitut Oberwolfach fand in der Zeit vom 18. bis 24. November 1973 eine Tagung über

«Numerische Methoden bei Optimierungsaufgaben»

unter der Leitung der Unterzeichneten statt, auf der naturgemäß die Fortschritte gegenüber den 1967, 1969 und 1971 durchgeführten Tagungen mit gleichem Titel im Vordergrund des Interesses standen.

Auf dieser Tagung über Optimierungsaufgaben wurde die Anwendungsbezogenheit des Gebietes wieder besonders deutlich. Im Mittelpunkt stand eine Reihe von Vorträgen über nichtlineare Optimierungsaufgaben. Es konnte über Fortschritte sowohl bei der praktischen Erprobung der Verfahren als auch bei ihrer theoretischen Begründung berichtet werden. Trotzdem blieben noch manche Fragen offen.

Ein weiterer Schwerpunkt war die numerische Behandlung von Problemen der optimalen Steuerung. Besonderen Anklang fanden auch eine Reihe von Vorträgen über Probleme aus den Anwendungsgebieten.

Zum Gelingen der Tagung trug nicht zuletzt die ausgezeichnete Betreuung durch das Personal des Instituts und das für diese Jahreszeit ungewöhnlich schöne Wetter bei. Ferner sei der beste Dank dem Leiter des Mathematischen Forschungsinstituts Oberwolfach, Herrn Professor Dr. M. Barner, und dem Birkhäuser Verlag ausgesprochen.

Inhaltsverzeichnis

Hinweise

ISNM 23 Birkhäuser Verlag, Basel und Stuttgart, 1974

MINIMALISIERUNG DURCH ANLEGUNG EINES GRAVITATIONSFELDES

B.R.Damsté

Sei $z = f(\underline{x})$ zu minimalisieren, $\underline{x} = (x_1, x_2, \ldots x_n)$, $f \in C^1$. Sei $F(\underline{x},z) = f(\underline{x}) - z$, dann ist $F = 0$ eine Oberfläche in R^{n+1} von der wir den "niedrigsten" Punkt suchen. Es gebe in R^{n+1} eine Gravitation $\underline{g} = (0,0,\ldots 0,-g)$. Ein Teilchen T auf der Oberfläche wird dann tangentiell zur Oberfläche beschleunigt durch $\underline{g} - \frac{g}{1+(\underline{\nabla f})^2} \underline{\nabla F}$, so dasz man für die Projektion auf R^n der Bahn von T in R^{n+1} hat:

$\ddot{\underline{x}} = - \frac{g}{1+(\underline{\nabla f})^2} \underline{\nabla f}$. Weil $f \in C^1$ vereinfachen wir zu:

$\ddot{\underline{x}} = -g \, \underline{\nabla f}$. Als Vorteil dieser Formel im Vergleich mit

$\dot{\underline{x}} = - \underline{\nabla f}$ (continuous gradient method) kann man sehen

dasz $\dot{\underline{x}} \neq \underline{0}$ in der Nähe des Minimums. Man hat aber 2n Differentialgleichungen anstatt n.

T musz irgendwie seine Energie verlieren, z.B. wie folgt: die Dgl. werden gelöst mit einer Runge-Kutta artigen Methode, die eine Folge von Punkten $\underline{x}^k, \underline{x}^{k+1}, \ldots$ liefert. Ist $f(\underline{x}^{k+1}) < f(\underline{x}^k)$ dann wird $\underline{x}^{k+1}$ akzeptiert, sonst wird T in $\underline{x}^k$ zurückgesetzt mit $\dot{\underline{x}}^k = \underline{0}$. Im Ende wird $|\dot{\underline{x}}|$ aber klein. Als Beispiel wird Rosenbrock's parabolisches Tal gegeben. Die Rechenzeit ist erheblich. Man könnte sich fragen ob hybride Rechengeräte für derartige Lösungsmethoden nicht mehr Interesse verdienen als ihnen bisher zu Teil geworden ist.

Landbouwhogeschool, Afdeling Wiskunde,
de Dreyen 8, Wageningen, Holland.

ISNM 23 Birkhäuser Verlag, Basel und Stuttgart, 1974

EINE KOMBINATION DES BRANCH-AND-BOUND-PRINZIPS UND DER DYNAMISCHEN OPTIMIERUNG AN EINEM BEISPIEL AUS DER PRODUKTIONSPLANUNG

Bernhard Fleischmann

Zusammenfassung

Für das allgemeine mehrstufige Entscheidungsproblem

$$\sum_{k=1}^{n} f_k(y_1,\ldots,y_k) = \min! \;, \qquad y_k \in Y_k$$

mit endlichen Mengen Y_k und $f_k : Y_1 \times \cdots \times Y_k \to \mathbb{R}$ $(k=1,\ldots,n)$ wird das Branch-and-Bound-Prinzip definiert, das in der Enumeration eines Baum-Graphen (Suchbaum) besteht. Die Knoten des Suchbaums stellen Teil-Entscheidungsfolgen (Teilpläne) dar.

Ein "Zustand" wird definiert als eine Äquivalenzklasse auf der Menge der Teilpläne mit bestimmten Eigenschaften. Bei Übergang zu diesen Äquivalenzklassen nimmt das gegebene Problem die übliche Form der dynamischen Optimierungsaufgabe an, und aus dem Suchbaum wird ein Netz mit i. a. erheblich weniger Knoten. Es wird gezeigt, daß dieses Netz identisch ist mit dem "Zustands-Netz" der dynamischen Optimierung.

Es wird ein Enumerations-Prinzip für das Zustands-Netz angegeben, das im Gegensatz zur dynamischen Optimierung keine vollständige Speicherung und Enumeration aller Zustände erfordert.

Das Vorgehen wird am Beispiel eines Problems der Ablaufplanung bei Mehrproduktfertigung erläutert. Dafür wird ein spezielles Verfahren entwickelt, das auf dem erwähnten Enumerationsprinzip beruht.

Das Verfahren wird zur Zeit erprobt. Theorie und Verfahren werden an anderer Stelle ausführlich veröffentlich.

ISNM 23 Birkhäuser Verlag, Basel und Stuttgart, 1974

ÜBER DIE NUMERISCHE LÖSUNG NICHTLINEARER OPTIMIERUNGSPROBLEME BEI VORHANDENSEIN GEWISSER INVARIANZEIGENSCHAFTEN

Walter Förster

We consider a nonlinear objective function subject to constraints. We assume that the objective function satisfies an additional condition, namely, that it is invariant under a certain linear transformation. This additional condition is satisfied for a wide class of applications. It will be shown that under above conditions the problem can either be solved by direct methods (e.g., dynamic programming, etc.), or, more economically, by employing numerical schemes in conservation law form (e.g., the Lax-Wendroff method).

Wir betrachten ein nichtlineares Optimierungsproblem mit Nebenbedingung und verlangen als zusätzliche Bedingung, daß die Zielfunktion unter einer gewissen linearen Transformation invariant ist. Diese zusätzliche Bedingung wird von einer großen Klasse praktischer Beispiele erfüllt. Die numerische Lösung solcher Probleme kann z.B. durch direkte Methoden, etwa durch dynamische Optimierung, oder durch Anwendung numerischer Methoden in Erhaltungssatzform, etwa der Lax-Wendroff Methode, erfolgen.

0. Einleitung

In der vorliegenden Arbeit wird gezeigt, daß eine von Lax und Wendroff angegebene numerische Methode zur Lösung von Gleichungssystemen in Erhaltungssatzform für die numerische Lösung gewisser Optimierungsprobleme herangezogen werden kann. In Abschnitt 1. wird die Art der Optimierungsprobleme, die gelöst werden soll, angegeben. In den Abschnitten 2. und 3a. werden in kurzer Form bekannte Methoden zur Lösung des gestellten Problems angegeben. In Abschnitt 3b. werden Erhaltungssätze behandelt, die von invarianten Optimierungsproblemen abgeleitet werden können. In Abschnitt 4. wird eine von Lax und Wendroff entwickelte numerische Methode in Erhaltungssatzform angegeben.

Das Neuartige der hier vorliegenden Arbeit liegt im Herausstreichen des Zusammenhanges zwischen Erhaltungssätzen, die von invarianten Variationsproblemen abgeleitet werden können, und den "ad hoc" Erhaltungssätzen in der numerischen Analysis. Auf diesen grundlegenden Zusammenhang wurde in der Literatur bisher nicht hingewiesen. Die Wichtigkeit besteht darin, daß obiger Zusammenhang eine ökonomische numerische Lösungsmethode für eine gewisse Klasse von Optimierungsproblemen liefert. Diese Zusammenhänge werden in Abschnitt 5. an einem Beispiel erläutert. In Abschnitt 5a. wird das Optimierungsproblem skizziert und in Abschnitt 5b. die zugehörigen Erhaltungssätze angegeben. Die numerischen Details zusammen mit den Stabilitätsuntersuchungen werden in Abschnitt 5c. behandelt.

1. Problemstellung

Das betrachtete nichtlineare Optimierungsproblem soll von folgender Gestalt sein

$$\min_{\underset{\sim}{y}} \eta(\underset{\sim}{y}) = \iint_B F(t,x,\underset{\sim}{y},\underset{\sim}{y}_t,\underset{\sim}{y}_x)\, dt\, dx \qquad (1.1)$$

und die Nebenbedingung

$$\frac{\partial}{\partial t} g_0(\underset{\sim}{y}) + \frac{\partial}{\partial x} g_1(\underset{\sim}{y}) = \operatorname{div} \underset{\sim}{g}(\underset{\sim}{y}) = 0 \qquad (1.2)$$

erfüllen. Der Einfachheit halber wird ein 2-dimensionales Problem mit einem endlichen Gebiet

$$B = \{ (t,x) \mid t \in R \text{ und } x \in R \}$$

angenommen. Minimiert wird über alle Funktionen

$$\underset{\sim}{y} = \underset{\sim}{y}(t,x) = \begin{bmatrix} y(t,x) \\ z(t,x) \\ \vdots \end{bmatrix} ,$$

wobei die Funktionswerte von $\underset{\sim}{y}(t,x)$ am Rand von B vorgegeben sein sollen. $\underset{\sim}{y}(t,x)$ soll stetige Ableitungen bis zur zweiten Ordnung besitzen. Die Ableitungen von $\underset{\sim}{y}(t,x)$ werden mit

$$\underset{\sim}{y}_t = \underset{\sim}{y}_t(t,x) = \frac{\partial}{\partial t} \underset{\sim}{y}(t,x)$$

und

$$\underset{\sim}{y}_x = \underset{\sim}{y}_x(t,x) = \frac{\partial}{\partial x} \underset{\sim}{y}(t,x)$$

bezeichnet.

Wir haben der Einfachheit halber nur eine Nebenbedingung (1.2) angenommen. Es ist jedoch klar, daß obiges Problem auf höherdimensionale Gebiete B und mehrere Nebenbedingungen ausgedehnt werden kann. Üblicherweise werden derartige Variationsprobleme mit Nebenbedingungen mit der Methode der Lagrangeschen Multiplikatoren behandelt. Für praktische Probleme sind explizite analytische Lösungen jedoch nur in Ausnahmefällen zu erhalten und wir konzentrieren daher unsere Aufmerksamkeit auf numerische Lösungsmethoden.

2. Dynamische Optimierung als Lösungsmethode

Wir erläutern die Anwendung der Grundidee der dynamischen Optimierung nach Bellman (1962) auf obiges Problem. Wir betrachten folgenden vereinfachten Fall

$$\min_{y} \eta(y) = \int_{t_0}^{t_n} F(t,y,y_t)\, dt \quad . \qquad (2.1)$$

Vorhandene Nebenbedingungen werden entweder mit der Methode der Lagrangeschen Multiplikatoren behandelt oder aber erst während der numerischen Lösung berücksichtigt. In (2.1) hat die gesuchte Funktion $y(t)$ die Anfangsbedingung

$$y(t_o) = y_o \tag{2.2}$$

zu erfüllen. Die Minimallösung kann dann als eine vom Anfangswert $t = t_o$ und von der Anfangsbedingung $y(t_o) = y_o$ abhängige Funktion $f(t_o,y_o)$ betrachtet werden, d.h.

$$f(t_o,y_o) = \min_y \eta(y) \quad . \tag{2.3}$$

Wir haben also das gegebene Problem mit den Konstanten t_o und y_o in eine Familie von Problemen eingebettet, wobei nun t_o und y_o als Parameter angesehen werden, die über folgende Bereiche variieren können

$$\{ t_o \mid -\infty < t_o < t_n \}$$
$$\{ y_o \mid -\infty < y_o < \infty \} .$$

Die Diskretisierung des Problems erfolgt in zwei Schritten. Zuerst diskretisieren wir in t-Richtung. Wir benützen die additive Eigenschaft der Integrale

$$\int_{t_o}^{t_n} = \int_{t_o}^{t_o + k} + \int_{t_o + k}^{t_n} , \tag{2.4}$$

wo $k \neq 0$ eine gewählte Schrittweite in t-Richtung ist. Mit Hilfe des Bellmanschen Optimalitätsprinzips (siehe z.B. Bellman & Dreyfus; 1962) erhalten wir dann folgende Funktionalgleichung

$$f(t_o,y_o) = \min_{\substack{y(t) \\ t_o \leq t \leq t_o + k}} \left[\int_{t_o}^{t_o + k} F(t,y,y_t)\, dt + \right.$$
$$\left. + f(t_o + k,\ y(t_o + k)) \right] \tag{2.5}$$

Minimiert wird dabei über alle Funktionen $y(t)$, die auf dem Intervall $t_o \leq t \leq t_o + k$ definiert sind und $y(t_o) = y_o$ erfüllen. Für kleine Schrittweiten k verwenden wir die folgenden Approximationen

$$\int_{t_o}^{t_o + k} F(t,y,y_t)\, dt = F(t_o,y_o,y_t(t_o))\, k + \dots \tag{2.6}$$

und

$$\begin{aligned} y(t_o + k) &= y(t_o) + y_t(t_o)\, k + \dots \\ &= y_o + y_t(t_o)\, k \end{aligned} \tag{2.7}$$

Anstatt eine geeignete über $t_o \leq t \leq t_o + k$ gegebene Funktion $y(t)$ mit der Anfangsbedingung $y(t_o) = y_o$ auszuwählen, kann man auch eine geeignete Funktion $y_t(t)$ auf $t_o \leq t \leq t_o + k$ auswählen. Für kleine Schrittweiten k können wir $y_t(t)$ auf $t_o \leq t \leq t_o + k$ z.B. durch $y_t(t_o)$ approximieren. Wir setzen nun $y_t(t_o) \equiv \xi_o$ und schreiben statt (2.5)

$$f(t_o,y_o) = \min_{\xi_o} \left[F(t_o,y_o,\xi_o)\, k + f(t_o + k,\, y_o + \xi_o\, k) \right] \tag{2.8}$$

Die für $f(t_o,y_o)$ benötigten Kontinuitäts- und Differenzierbarkeitseigenschaften werden vorausgesetzt. Weiters gilt natürlich

$$f(t_n,\, y(t_n)) = 0 \tag{2.9}$$

für alle $y(t)$.

Wir gehen nun zum zweiten Schritt der Diskretisierung über. Für die numerische Berechnung auf einem Rechner ist eine Diskretisierung von $y(t)$ durchzuführen. Wir ersetzen daher die Wahl der Funktion $y(t)$ durch die Wahl der Funktionswerte an den Punkten

$$t_o\ ,\ t_1 = t_o + k\ ,\ \dots\ ,\ t_j = t_o + jk\ ,\ \dots\ ,\ t_n\ .$$

Die Funktionswerte $y_t(t)$ an den obigen Punkten ersetzen wir durch

$$y_t(t_j) = \frac{1}{k}\left[y(t_{j+1}) - y(t_j) \right] \equiv \xi(t_j) \equiv \xi_j \quad .$$

Wir schreiben

$$f(t_j, y(t_j)) \equiv f_j(y_j)$$

und erhalten dann anstelle von (2.8) die nichtlineare Differenzengleichung

$$f_j(y_j) = \min_{\xi_j} \left[F(t_j, y_j, \xi_j)\, k + f_{j+1}(y_{j+1}) \right] . \qquad (2.10)$$

Diese Differenzengleichung erlaubt es eine numerische Lösung des Problems (2.1) auf iterativem Wege zu finden. Sind Nebenbedingungen vorhanden, so wird die Minimierung über den durch die Nebenbedingungen eingeschränkten Bereich vorgenommen.

Die oben angegebenen Gedankengänge lassen sich auch auf die Fälle $\underset{\sim}{y}(t)$ und $\underset{\sim}{y}(t,x, \ldots)$ verallgemeinern.

Im Prinzip haben wir das kontinuierliche Problem (2.1) durch ein diskretisiertes und dadurch der numerischen Behandlung zugängliches Problem ersetzt. Dabei wurde der kontinuierliche Bereich der (y,t)-Ebene durch ein diskretes Netz in der (y,t)-Ebene ersetzt. Die primitivste numerische Methode würde <u>alle</u> $y(t)$ in diesem Netz auf Optimalität untersuchen.

(i) Für den Fall, daß wir n Schritte in t-Richtung haben und $y(t_j)$ r Werte an jedem Punkt t_j annimmt, so haben wir

$$r^{n-1}$$

Möglichkeiten zu vergleichen.

(ii) Für den Fall, daß wir n Schritte in t-Richtung haben und die m Funktionen

$$\underset{\sim}{y}(t_j) = \begin{bmatrix} y(t_j) \\ z(t_j) \\ \cdots \end{bmatrix} \Bigg\} \text{ m Komponenten}$$

je r Werte an jedem Punkt t_j annehmen, so haben wir

$$r^{m(n-1)}$$

Möglichkeiten zu vergleichen.

(iii) Für den Fall, daß wir n Schritte in t-Richtung haben und die m Funktionen $\underset{\sim}{y}$ von ℓ Koordinaten abhängen,

$$\underset{\sim}{y} = \underset{\sim}{y}(\underbrace{t,x,\ \ldots\ }_{l \text{ Koordinaten}})$$

so haben wir

$$r^{lm(n-1)}$$

Möglichkeiten zu vergleichen.
Die Anwendung des Bellmanschen Optimalitätsprinzips erlaubt es nun die Anzahl der Vergleichsmöglichkeiten wesentlich einzuschränken. Für den Fall (i) ergeben sich dann

$$2\ r + (n-2)\ r^2$$

Vergleichsmöglichkeiten, d.h. eine Zahl von der Größenordnung

$$n\ r^2 \quad .$$

Für den Fall (ii) ergeben sich dann

$$2\ r^m + (n-2)\ r^{2m}$$

Vergleichsmöglichkeiten, d.h. eine Zahl von der Größenordnung

$$n\ r^{2m} \quad .$$

Für den Fall (iii) ergeben sich dann

$$2\ r^{lm} + (n-2)\ r^{2lm}$$

Vergleichsmöglichkeiten, d.h. eine Zahl von der Größenordnung

$$n\ r^{2lm} \quad .$$

Durch die Anwendung des Bellmanschen Optimalitätsprinzips verschwindet n, die Anzahl der Unterteilungen in t-Richtung, aus dem Exponenten. Dadurch vereinfacht sich die numerische Lösung unseres Problems wesentlich. Sowohl die Anzahl der durchzuführenden Rechenoperationen als auch die zur Berechnung notwendigen Speicherplätze werden drastisch verringert. Dennoch ist die Anzahl der auf diese Weise lösbaren Probleme durch die Beschränkungen der derzeit verfügbaren Rechner noch immer stark eingeschränkt. In den folgenden Abschnitten werde ich zeigen, daß für praktische Probleme, die noch eine zusätzliche Bedingung erfüllen, die Lösung Schritt für Schritt aufgebaut werden kann und dadurch eine Lösung mit wesentlich geringerem

Aufwand möglich ist.

3. Erhaltungssätze

In Abschnitt 3a. werden die bekannten Euler-Lagrange Gleichungen wiederholt. In Abschnitt 3b. werden die Erhaltungssätze für invariante Variationsprobleme angegeben.

3a. Wir betrachten Probleme ohne Nebenbedingungen. Die Euler-Lagrange Gleichungen für das Problem (2.1) lauten

$$F_y - \frac{\partial}{\partial t} F_{y_t} = 0 \quad . \qquad (3.1)$$

Das allgemeine Problem mit m Funktionen

$$\underset{\sim}{y} = \begin{bmatrix} y \\ z \\ .. \end{bmatrix}$$

und l Koordinaten $(t, x, \ldots)$ hat die folgenden Euler-Lagrange Gleichungen

$$\begin{aligned} F_y - \frac{\partial}{\partial t} F_{y_t} - \frac{\partial}{\partial x} F_{y_x} - \ldots &= 0 \\ F_z - \frac{\partial}{\partial t} F_{z_t} - \frac{\partial}{\partial x} F_{z_x} - \ldots &= 0 \qquad (3.2) \\ \ldots\ldots &= 0 \end{aligned}$$

Sind Nebenbedingungen vorhanden, so können diese wie üblich mit einem Lagrange Multiplikator behandelt werden oder als zusätzliche Gleichungen neben den Euler-Lagrange Gleichungen berücksichtigt werden.

3b. Wir betrachten nun invariante Variationsprobleme ohne Nebenbedingungen. Die Theorie dieser invarianten Variationsprobleme wurde in einem ausführlichen Artikel von E. Noether (1918) behandelt. Das Problem (2.1) ist ein invariantes Variationsproblem, wenn sich das Problem bei einer von einem kontinuierlichen Parameter ε abhängigen Transformation

$$\begin{aligned} \bar{t} &= T(t, y, y_t; \varepsilon) \\ \bar{y} &= Y(t, y, y_t; \varepsilon) \end{aligned}$$

nicht ändert, d.h. es gilt

$$
\begin{array}{ccc}
t,\ y & \xrightarrow[Y(t,y,y_t;\varepsilon)]{T(t,y,y_t;\varepsilon)} & \bar{t},\ \bar{y} \\
\Big\downarrow \min\int F\,dt & & \Big\downarrow \min\int F\,d\bar{t} \\
\min \eta & = & \min \eta
\end{array}
$$

Wir betrachten den vereinfachten Fall mit $T:\ t \longrightarrow \bar{t}$ (wobei wir als Transformation eine Translation Tr annehmen wollen) und $y = \bar{y}$. Für (2.1) ergibt sich dann der Erhaltungssatz

$$\frac{\partial}{\partial t} T_{oo} = 0 \qquad (3.10)$$

mit

$$T_{oo} \equiv F - F_{y_t}\, y_t \quad . \qquad (3.11)$$

Für den allgemeineren Fall, daß das Variationsproblem von m Funktionen

$$\underset{\sim}{y} = \begin{bmatrix} y \\ z \\ .. \end{bmatrix}$$

und l Koordinaten $(t,x,\ ...\ )$ abhängt, ergeben sich die Erhaltungssätze

$$
\begin{aligned}
\frac{\partial}{\partial t} T_{oo} + \frac{\partial}{\partial x} T_{o1} + \dots &= 0 \\
\frac{\partial}{\partial t} T_{1o} + \frac{\partial}{\partial x} T_{11} + \dots &= 0 \qquad (3.12)\\
\dots\dots\dots &= 0 \\
\dots\dots\dots &
\end{aligned}
$$

mit

$$
\begin{aligned}
T_{oo} &\equiv F - F_{y_t}\, y_t - F_{z_t}\, z_t - \dots \\
T_{o1} &\equiv - F_{y_x}\, y_t - F_{z_x}\, z_t - \dots \\
T_{1o} &\equiv - F_{y_t}\, y_x - F_{z_t}\, z_x - \dots \qquad (3.13)\\
T_{11} &\equiv F - F_{y_x}\, y_x - F_{z_x}\, z_x - \dots \\
&\dots\dots\dots
\end{aligned}
$$

Vernachlässigen wir die reiche algebraische Struktur die diese invarianten Variationsprobleme besitzen und berücksichtigen wir nur die Tatsache, daß das Integral η unter einer Transformation Tr invariant ist, d.h.

$$\eta = \mathrm{Tr}(\eta) \quad ,$$

so kann diese Eigenschaft auch als Fixpunkteigenschaft angesehen werden. Weitere Details über derartige Variationsprobleme können z.B. in Gelfand & Fomin (1962) gefunden werden.

4. Die Lax-Wendroff Methode

Im folgenden Abschnitt wird eine kurze Ableitung der sogenannten Lax-Wendroff Methode gegeben. Diese Methode wurde in einer Serie von Veröffentlichungen von Lax (1954; 1957) und in einer Arbeit von Lax und Wendroff (1960) als numerische Methode zu Lösung von Gleichungssystemen in "Erhaltungssatzform" vorgeschlagen.

An dieser Stelle soll darauf hingewiesen werden, daß in diesen Originalarbeiten sowie in den dem Autor bekannten weiteren Arbeiten über die Lax-Wendroff Methode sich kein Hinweis auf einen Zusammenhang mit Optimierungsproblemen befindet. Das Aufzeigen eines derartigen Zusammenhanges kann als das Neuartige an der hier vorliegenden Arbeit angesehen werden.

Wir betrachten folgende Gleichung

$$\frac{\partial}{\partial t}\underset{\sim}{W} + \frac{\partial}{\partial x}\underset{\sim}{G}(\underset{\sim}{W}) = 0 \tag{4.1}$$

oder

$$\underset{\sim}{W}_t + \underset{\sim}{G}_x = 0 \quad . \tag{4.2}$$

Der Einfachheit halber beschränken wir uns auf (t,x) Koordinaten und 3-komponentige Vektorfunktionen

$$\underset{\sim}{W} = \underset{\sim}{W}(t,x) = \begin{bmatrix} W_1(t,x) \\ W_2(t,x) \\ W_3(t,x) \end{bmatrix} \tag{4.3}$$

und

$$\underset{\sim}{G} = \begin{bmatrix} G_1 \\ G_2 \\ G_3 \end{bmatrix} \quad , \tag{4.4}$$

wobei $\underset{\sim}{G}$ eine gegebene, im allgemeinen nichtlineare Funktion von $\underset{\sim}{W}$ ist. Differenzieren wir in (4.1), so erhalten wir das folgende quasilineare System erster Ordnung

$$\frac{\partial}{\partial t}\underset{\sim}{W} + A\frac{\partial}{\partial x}\underset{\sim}{W} = 0 \tag{4.5}$$

oder

$$\underset{\sim}{W}_t + A\,\underset{\sim}{W}_x = 0 \quad . \tag{4.6}$$

Dabei ist

$$A = A(\underset{\sim}{W}) = \frac{(G_1, G_2, G_3)}{(W_1, W_2, W_3)} \tag{4.7}$$

die Jacobi Matrix. Wir verlangen nun, daß das System (4.1) hyperbolisch ist, d.h. die Matrix A hat reelle und verschiedene Eigenwerte λ_m $m = 1, 2, 3$ für alle Werte von $\underset{\sim}{W}$. Die Eigenwerte λ_m $m = 1, 2, 3$ sind Funktionen von $\underset{\sim}{W}$.

Das in Betracht kommende Gebiet der (t,x)-Ebene wird wieder mit einem Netz überdeckt gedacht, mit der Schrittweite k in t-Richtung und der Schrittweite h in x-Richtung. Wir benützen dann die folgende Taylorentwicklung

$$\underset{\sim}{W}(t+k,x) = \underset{\sim}{W}(t,x) + k\,\underset{\sim}{W}_t + \frac{1}{2}k^2\,\underset{\sim}{W}_{tt} \quad . \tag{4.8}$$

Mit Hilfe von (4.2) schreiben wir

$$\underset{\sim}{W}_t = -\underset{\sim}{G}_x \tag{4.9}$$

und

$$\underset{\sim}{W}_{tt} = -\underset{\sim}{G}_{xt} = -\underset{\sim}{G}_{tx} = -\left[A\,\underset{\sim}{W}_t\right]_x$$
$$= \left[A\,\underset{\sim}{G}_x\right]_x \tag{4.10}$$

Wir substituieren die Gleichungen (4.9) und (4.10) in die Gleichung (4.8) und erhalten

$$\underset{\sim}{W}(t+k,x) = \underset{\sim}{W}(t,x) - \left[k\,\underset{\sim}{G} - \frac{1}{2}k^2\,A\,\underset{\sim}{G}_x\right]_x \quad . \tag{4.11}$$

Die partielle Ableitung nach x wird dann durch einfache Differenzenausdrücke approximiert. Für einen allgemeinen

Gitterpunkt $t = j\,k$ und $x = i\,h$, wobei j und i ganze Zahlen sind, ergibt sich dann die folgende numerische Methode

$$\underset{\sim}{W}_i^{j+1} = \underset{\sim}{W}_i^j - \frac{k}{2h}\left[\underset{\sim}{G}_{i+1}^j - \underset{\sim}{G}_{i-1}^j \right] + \qquad (4.12)$$

$$+ \frac{1}{2}\left[\frac{k}{h}\right]^2 \left\{ A_{i+\frac{1}{2}}^j \left[\underset{\sim}{G}_{i+1}^j - \underset{\sim}{G}_i^j \right] - A_{i-\frac{1}{2}}^j \left[\underset{\sim}{G}_i^j - \underset{\sim}{G}_{i-1}^j \right] \right\}$$

Der obere Index bezeichnet den Gitterpunkt in Zeitrichtung und der untere Index den Gitterpunkt in Ortsrichtung. Weiters haben wir

$$A_{i+\frac{1}{2}}^j = \frac{1}{2}\left[A_{i+1}^j + A_i^j \right]$$

und

$$A_{i-\frac{1}{2}}^j = \frac{1}{2}\left[A_i^j + A_{i-1}^j \right]$$

Zusammen mit vorzugebenden Anfangs- und Randbedingungen gestattet obige numerische Methode die Werte von $\underset{\sim}{W}$ zum Zeitpunkt $t = (j + 1)\,k$ aus bereits bekannten Werten zum Zeitpunkt $t = j\,k$ zu berechnen.

Für den Fall, daß wir n Schritte in t-Richtung nehmen und m die Anzahl der Funktionen ist die wir berechnen wollen, d.h. m ist die Anzahl der Komponenten von $\underset{\sim}{W}$, so haben wir insgesamt nm Funktionswerte zu berechnen. Vergleicht man diese Anzahl mit den im Abschnitt über dynamische Optimierung angegebenen Zahlen, so sieht man, daß das hier angewandte Verfahren wesentlich ökonomischer ist.

Zum Abschluß betrachten wir noch die Stabilitätseigenschaften der Lax-Wendroff Methode. Man nimmt dabei an, daß die Koeffizienten der Matrix A konstant sind. Die numerische Stabilität kann z.B. mit Hilfe der von Neumannschen Methode untersucht werden (siehe z.B. Richtmyer & Morton; 1967). Es ergibt sich dann die folgende Bedingung

$$\left|\lambda_m\right| \frac{k}{h} \leqslant 1 \quad , \qquad (4.13)$$

d.h. die numerische Methode (4.12) ist stabil, wenn (4.13) für alle Eigenwerte λ_m $m = 1, 2, 3$ von A gilt. Die Schrittweiten k in t-Richtung und h in x-Richtung müssen also derart gewählt werden, daß (4.13) erfüllt ist. Für Probleme in der (t,x)-Ebene stimmt die Bedingung (4.13) mit der Courant-Friedrichs-Lewy Bedingung (1928) überein.

5. Beispiel aus der Flüssigkeitsdynamik

In diesem Abschnitt werden die Überlegungen aus den früheren Abschnitten an einem Beispiel aus der Flüssigkeitsdynamik kurz illustriert. Zuerst wird ein Optimierungsproblem skizziert, dann wird das Problem in Erhaltungssatzform angegeben, und zuletzt wird die numerische Behandlung des Beispiels diskutiert.

5a. Zuerst geben wir das Optimierungsproblem in folgender Gestalt an. Es soll

$$\min \iint_B E\left[1 + \Pi\right] dt\, dx \tag{5.1}$$

gefunden werden, mit E der Energie und

$$\Pi = \int_0^P \frac{dp}{E} - \frac{P}{E} \tag{5.2}$$

dem von der Kompression der Flüssigkeit herrührenden Energieanteil. Als Nebenbedingung soll

$$\frac{\partial}{\partial t}\left[N\, u_0\right] + \frac{\partial}{\partial x}\left[N\, u_1\right] = 0 \tag{5.3}$$

erfüllt sein. Die Energie E, der Druck P und die Dichte N sind durch eine "Zustandsgleichung"

$$N = N(E,P) \tag{5.4}$$

verbunden. Die Dichte N kann also als eine von den beiden Parametern E und P abhängige Funktion angesehen werden. Wir nehmen an, daß sich die Zustandsgleichung (5.4) nach dem Druck P auflösen läßt, d.h.

$$P = P(E,N) \quad . \tag{5.5}$$

Weiters ist noch die spezielle Struktur des $(t,x) \in R^2$ zu berücksichtigen. Für die "Distanz" ds soll gelten

$$(dt)^2 - (dx)^2 = (ds)^2 \quad . \tag{5.6}$$

Wir haben dann

$$\left(\frac{dt}{ds}\right)^2 - \left(\frac{dx}{ds}\right)^2 \equiv (u_o)^2 - (u_1)^2 = 1 \quad , \qquad (5.7)$$

d.h. eine Invariante. Wir bezeichnen den Vektor

$$\underset{\sim}{u} = \underset{\sim}{u}(t,x) = \begin{bmatrix} u_o(t,x) \\ u_1(t,x) \end{bmatrix} \qquad (5.8)$$

als "2-Geschwindigkeit". Weiters definieren wir noch eine "Geschwindigkeit" durch

$$\frac{dx}{dt} \equiv v(t,x) \equiv v \quad . \qquad (5.9)$$

Es gilt dann

$$(u_o)^2 = \frac{1}{1 - v^2}$$
$$(u_1)^2 = \frac{v^2}{1 - v^2} \qquad (5.10)$$

oder für den von uns betrachteten vereinfachten Fall $v \ll 1$

$$u_o = 1 + \dots$$
$$u_1 = v + \dots \qquad (5.11)$$

Wir haben nun alle Größen und Beziehungen die wir benötigen. Das Problem (5.1) kann als ein von E, N und u_1 abhängiges Optimierungsproblem betrachtet werden.

5b. Nach einer etwas langwierigen Rechnung erhalten wir die dem Optimierungsproblem (5.1) äquivalenten Erhaltungssätze

$$\frac{\partial}{\partial t} T_{oo} + \frac{\partial}{\partial x} T_{o1} = 0$$
$$\frac{\partial}{\partial t} T_{1o} + \frac{\partial}{\partial x} T_{11} = 0 \quad , \qquad (5.20)$$

ergänzt durch die Nebenbedingung (5.3). Die T_{lm} $0 \leq l \leq 1$, $0 \leq m \leq 1$ können in folgender kompakter Form geschrieben werden

$$T_{lm} = [E + P]\, u_l\, u_m - P\, g_{lm} \qquad (5.21)$$

mit

$$g_{lm} = \begin{bmatrix} 1 & 0 \\ 0 & -1 \end{bmatrix} \quad . \qquad (5.22)$$

Die erste Gleichung in (5.20) stellt die Erhaltung der Energie dar, die zweite Gleichung in (5.20) die Erhaltung des Impulses und die Nebenbedingung (5.3) stellt die Erhaltung der Dichte dar.

Hätten wir die Euler-Lagrange Gleichungen des in Abschnitt 5a. beschriebenen Optimierungsproblems bestimmt, so hätte das auf die Eulerschen Gleichungen der Hydrodynamik geführt.

5c. Wir gehen nun zur numerischen Behandlung unseres Problems über. Wir benützen (5.20) und (5.3) und schreiben

$$\underset{\sim}{W} = \begin{bmatrix} T_{oo} \\ T_{o1} \\ N\ u_o \end{bmatrix} \quad , \quad \underset{\sim}{G} = \begin{bmatrix} T_{o1} \\ T_{11} \\ N\ u_1 \end{bmatrix} \qquad (5.30)$$

wobei dann

$$\underset{\sim}{W} = \begin{bmatrix} W_1 \\ W_2 \\ W_3 \end{bmatrix} = \begin{bmatrix} E \\ -[E + P]\ v \\ N \end{bmatrix} \qquad (5.31)$$

und

$$\underset{\sim}{G} = \begin{bmatrix} G_1 \\ G_2 \\ G_3 \end{bmatrix} = \begin{bmatrix} [E + P]\ v \\ -[E + P]\ v^2 - P \\ N\ v \end{bmatrix} \qquad (5.32)$$

ist, und P aus der Zustandsgleichung (5.5) als Funktion von E und N gegeben ist. Mit (5.31) und (5.32) gehen wir in das Lax-Wendroff Schema (4.12). Wir erhalten dann E und N zum fortgeschrittenen Zeitpunkt $(j+1)\ k$. Aus der Zustandsgleichung (5.5) berechnen wir dann P und aus

$$W_2 = -[E + P]\ v \qquad (5.33)$$

die Geschwindigkeit v ,

$$v = \frac{-W_2}{W_1 + P(W_1,W_3)} \quad . \tag{5.34}$$

Die so erhaltenen Werte für E , N und v setzen wir dann in $\underset{\sim}{G}$ ein und berechnen die neuen Werte von E , N und v für das nächste Zeitniveau $(j+2)\,k$ aus der Gleichung (4.12); usw.

Abschließend untersuchen wir noch die numerische Stabilität unseres Problems. Wir machen eine zusätzliche Voraussetzung über die Zustandsgleichung. Wie üblich in der Literatur nehmen wir die Zustandsgleichung eines idealen Gases an. Es ist dann

$$P(E,N) = P(E) \quad , \tag{5.40}$$

d.h. der Druck ist nur von der Energie abhängig nicht aber von der Dichte. Wir erhalten dann

$$\frac{\partial P(E,N)}{\partial N} \equiv \frac{\partial P(W_1,W_3)}{\partial W_3} = 0 \tag{5.41}$$

und

$$\frac{\partial P(E,N)}{\partial E} \equiv \frac{\partial P(W_1,W_3)}{\partial W_1} = c^2 \quad , \tag{5.42}$$

wobei c als lokale Schallgeschwindigkeit bezeichnet wird.

Wir bestimmen nun die Komponenten A_{rs} der durch (4.7) gegebenen Matrix A . Es ist

$$A_{rs} \equiv \frac{\partial G_r}{\partial W_s} \quad . \tag{5.43}$$

Die G_r und die W_s sind durch (5.32) und (5.31) gegeben. Wir drücken die G_r als Funktion der W_s aus.

$$G_r = \begin{bmatrix} -W_2 \\ -\dfrac{[W_2]^2}{W_1 + P} - P \\ -\dfrac{W_3\,W_2}{W_1 + P} \end{bmatrix} \tag{5.44}$$

Für die Komponenten A_{rs} erhalten wir dann

$$A_{11} = \frac{\partial G_1}{\partial W_1} = 0 \tag{5.45}$$

$$A_{21} = \frac{\partial G_2}{\partial W_1} = \frac{[W_2]^2}{[W_1 + P]^2} \left[1 + \frac{\partial P}{\partial W_1} \right] - \frac{\partial P}{\partial W_1} =$$

$$= v^2 \left[1 + c^2 \right] - c^2$$

$$A_{31} = \frac{\partial G_3}{\partial W_1} = \frac{W_3 W_2}{[W_1 + P]^2} \left[1 + \frac{\partial P}{\partial W_1} \right] =$$

$$= v \left[1 + c^2 \right] \frac{-N}{E + P}$$

$$A_{12} = \frac{\partial G_1}{\partial W_2} = -1$$

$$A_{22} = \frac{\partial G_2}{\partial W_2} = - \frac{2 W_2}{W_1 + P} = 2 v$$

$$A_{32} = \frac{\partial G_3}{\partial W_2} = - \frac{W_3}{W_1 + P} = \frac{-N}{E + P}$$

$$A_{13} = \frac{\partial G_1}{\partial W_3} = 0$$

$$A_{23} = \frac{\partial G_2}{\partial W_3} = 0$$

$$A_{33} = \frac{\partial G_3}{\partial W_3} = - \frac{W_2}{W_1 + P} = v$$

Das ergibt dann die folgende Matrix

$$A = \begin{bmatrix} 0 & A_{12} & 0 \\ A_{21} & A_{22} & 0 \\ A_{31} & A_{32} & A_{33} \end{bmatrix} \tag{5.46}$$

Die Eigenwerte λ_m $m = 1, 2, 3$ von A sind dann gegeben durch

$$\left| A_{rs} - \lambda \delta_{rs} \right| = 0 \tag{5.47}$$

oder

$$[A_{33} - \lambda][\lambda^2 - A_{22}\lambda - A_{21} A_{12}] = 0 \quad . \tag{5.48}$$

Wir erhalten

$$\begin{aligned} \lambda_{1,2} &= v \pm c\sqrt{1 - v^2} \\ \lambda_3 &= v \quad , \end{aligned} \tag{5.49}$$

oder für $v \ll 1$

$$\begin{aligned} \lambda_1 &= v + c \\ \lambda_2 &= v - c \\ \lambda_3 &= v \quad . \end{aligned} \tag{5.50}$$

λ_1 und λ_2 stellen Unstetigkeiten verursacht durch Schockwellen dar, λ_3 stellt eine Kontaktunstetigkeit dar. Details über die physikalische Interpretation dieser Unstetigkeiten können z.B. in Jeffrey & Taniuti (1964) gefunden werden. Die hier erhaltenen Eigenwerte stimmen mit Eigenwerten überein die z.B. in Richtmyer & Morton angegeben werden. Es soll jedoch herausgestrichen werden, daß in Richtmyer & Morton von "ad hoc" Erhaltungssätzen, die durch physikalische Argumente begründet werden, ausgegangen wird, während in der hier vorliegenden Arbeit diese Erhaltungssätze auf elegantere Weise von gewissen invarianten Optimierungsproblemen abgeleitet werden und durch geeignete Nebenbedingungen ergänzt werden.

Jede der drei in obigem Beispiel vorkommenden Funktionen E , v und N kann als von zwei Parametern abhängig betrachtet werden, z.B. $E = E(v,N)$, oder $v = v(E,N)$, oder $N = N(E,v)$. In Förster (1974) findet sich eine kurze Beschreibung der allgemeinsten bei derartigen Problemen auftretenden Singularitäten zusammen mit weiteren Literaturhinweisen.

6. Schlußfolgerung

In der hier vorliegenden Arbeit wurde gezeigt, daß gewisse Optimierungsprobleme, die eine zusätzliche Eigenschaft erfüllen und durch geeignete Nebenbedingungen ergänzt werden, mit der Lax-Wendroff Methode auf ökonomische Weise numerisch gelöst werden können. An einem Beispiel wurden diese Zusammenhänge illustriert.

Das Aufzeigen einer Verbindung zwischen gewissen invarianten Optimierungsproblemen und numerischen Methoden in Erhaltungssatzform stellt das Neuartige an dieser Arbeit dar.

Literaturangaben

Bellman, R.E. & Dreyfus, S.E. (1962): Applied Dynamic Programming. Princeton University Press, Princeton

Courant, R., Friedrichs, K. & Lewy, H. (1928): Math. Ann. 100, 32 - 74

Förster, W. (1974): Katastrophentheorie. In Druck

Gelfand, I.M. & Fomin, S.V. (1962): Calculus of Variations. Prentice Hall, Englewood Cliffs

Jeffrey, A. & Taniuti, T. (1964): Non-linear Wave Propagation with Applications to Physics and Magnetohydrodynamics. Academic Press, New York

Lax, P.D. (1954): Comm. Pure Appl. Math. 7, 159-193

Lax, P.D. (1957): Comm. Pure Appl. Math. 10, 537-566

Lax, P.D. & Wendroff, B. (1960): Comm. Pure Appl. Math. 13, 217-237

Noether, E. (1918): Nachr. Ges. Göttingen (math.-phys. Kl.) 235-257

Richtmyer, R.D. & Morton, K.W. (1967): Difference Methods for Initial-Value Problems. Interscience, New York

Department of Mathematics
University of Southampton
Southampton SO9 5NH
England

ISNM 23 Birkhäuser Verlag, Basel und Stuttgart, 1974

ZUR NUMERISCHEN BEHANDLUNG RESTRINGIERTER OPTIMIERUNGSAUFGABEN MIT DER COURANTSCHEN PENALTY-METHODE

Klaus Glashoff

1. Problemstellung

E und F seien reelle Hilberträume. Mit L(E) bzw. L(E,F) bezeichnen wir wie üblich die Räume aller linearen und beschränkten Operatoren, die auf E erklärt sind und E in sich bzw. in F abbilden. Die inneren Produkte in E bzw. F schreiben wir ohne Unterscheidung als $\langle u,v \rangle$ für $u,v \in E$ bzw. $u,v \in F$ und definieren wie üblich für $u \in E$ bzw. $u \in F$

$$\| u \| = \langle u,u \rangle^{1/2} .$$

Vorgegeben seien weiterhin zwei Operatoren $A \in L(E)$ und $C \in L(E,F)$ mit den folgenden Eigenschaften:

a) A ist selbstadjungiert und positiv definit; d.h. für alle $u,v \in E$ gilt

$$\langle Au,v \rangle = \langle u,Av \rangle , \qquad (1.1)$$

und es gibt eine Konstante $m > o$ derart, daß für alle $u \in E$

$$m \| u \|^2 \leq \langle Au,u \rangle \qquad (1.2)$$

erfüllt ist.

b) $C : E \longrightarrow F$ ist eine Abbildung <u>auf</u> F; CE=F. (1.3)

Außerdem seien Elemente $b \in E$ und $d \in F$ vorgegeben. Damit betrachten wir das folgende Optimierungsproblem:

$$\text{(P)} \quad f(u) .= \frac{1}{2} \langle Au,u \rangle - \langle b,u \rangle = \text{Min!}$$

$$Cu = d .$$

Das soll bedeuten: Gesucht ist ein Element $\bar{u} \in E$ mit $C\bar{u} = d$ derart, daß

$$f(\bar{u}) \leq f(\tilde{u}) \text{ für alle } \tilde{u} \in E \text{ mit } C\tilde{u}=d.$$

Bekanntlich gilt der

<u>SATZ 1 Das Problem (P) besitzt genau eine Lösung $\bar{u}$.</u>

Denn die Menge $X = \{\tilde{u} \in E / C\tilde{u}=d\}$ ist wegen (1.3) nicht leer und ist ein linearer, abgeschlossener Unterraum von E; die Behauptung von Satz 1 folgt damit aus der gleichmäßigen Konvexität (s.(1.2)) des Funktionals f.

Im folgenden geht es um eine Methode, die Lösung $\bar{u}$ von (P) durch eine Folge näherungsweise gelöster unrestringierter Optimierungsaufgaben zu approximieren.

2. Die COURANTsche Methode

Für eine positive Nullfolge $\{r_k\}_{k>0}$ betrachtet man die Folge der unrestringierten Optimierungsaufgaben

$$(P_k) \quad f(u)+\frac{1}{2r_k}\|Cu-d\|^2 = \text{Min!} \quad u \in E \; ; \; k=1,2...$$

Dann gilt der

<u>SATZ 2 Für jedes $k>0$ besitzt (P_k) eine eindeutige Lösung $u_k \in E$, und es ist</u>

$$\lim_{k\to\infty} u_k = \bar{u},$$

wobei $\bar{u}$ die eindeutige Lösung von (P) darstellt.

Diese "Methode der Straffunktionen" geht auf eine Arbeit von COURANT [2] aus dem Jahre 1943 zurück. SATZ 2 ist als Spezialfall in einer Reihe allgemeinerer Sätze enthalten, s. etwa die Arbeiten [1],[3], wo auch der folgende Satz über die konstruktive Darstellung der Lagrange-Multiplikatoren bewiesen wird:

<u>SATZ 3 Es existiert genau ein Element $\bar{\lambda} \in F$ derart, daß</u>

$$A\bar{u}-b+C^*\bar{\lambda}=\theta_E \tag{2.1}$$

<u>gilt. (Dabei ist $C^*: F \longrightarrow E$ der zu C adjungierte Operator, θ_E der Nullvektor in E). Für die nach Satz 2 eindeutigen Löaungen u_k von (P_k), $k>0$ gilt</u>

$$\bar{\lambda} = \lim_{k \to \infty} \frac{1}{r_k}(Cu_k - d) \; . \tag{2.2}$$

Für die weiteren Abschnitte benötigen wir genauere Aussagen über das Konvergenzverhalten der Folge $\{u_k\}_{k>o}$.
Für reelle Zahlen $r>o$ bezeichnen wir mit u_r die eindeutige Lösung der Optimierungsaufgabe

(P_r) $\quad f_r(u) = f(u) + \frac{1}{2r} \| Cu-d \|^2 = \text{Min!} \quad u \in E$.

Wir beweisen den folgenden

SATZ 4 *Zu jedem $r_o > o$ gibt es eine positive Konstante α derart, daß für alle Zahlen r, s mit $o < s \leq r \leq r_o$ gilt*

$$\| u_r - u_s \| \leq \alpha (r-s) \; . \tag{2.3}$$

Anmerkung: Zusammen mit Satz 2 erhält man aus (2.3) mit $s \to o$, $o < r = r_k \leq r_o$ die Fehlerabschätzung

$$\| u_k - \bar{u} \| \leq \alpha r_k \; , \tag{2.3a}$$

die (für allgemeinere Probleme) bei POLYAK [6] bewiesen wurde.

Beweis von Satz 4. Die Frechet-Ableitung von f_r ist

$$f_r'(u) = Au - b + \frac{1}{r} C^*(Cu-d) \tag{2.4}$$

Wir definieren für $r>o$

$$x_r = u_r - \bar{u} \tag{2.5a}$$

und

$$y_r = \frac{1}{r}[Cu_r - d] - \bar{\lambda} \, , \tag{2.5b}$$

wobei $\bar{u}$ die eindeutige Lösung von (P) ist und $\bar{\lambda}$ der nach Satz 3 eindeutige "Lagrange-Multiplikator".
Durch Einführung der neuen Variablen x_r und y_r, die durch

$$Cx_r - ry_r = r\bar{\lambda} \tag{2.6}$$

verknüpft sind, läßt sich die Gleichung

$$f_r'(u_r) = Au_r - b + \frac{1}{r} C^* [Cu_r - d] = \theta_E \qquad (2.7)$$

(s.(2.4)) umformen in

$$Ax_r + C^* y_r = \theta_E \ . \qquad (2.8)$$

Wenn umgekehrt $(x_r, y_r) \in E \times F$ Lösung von (2.6),(2.8) ist, dann erhält man durch

$$u_r = \bar{u} + x_r$$

die eindeutige Lösung u_r von (2.7), wie man leicht nachrechnet. Damit ist die Bestimmung von u_r äquivalent zur Lösung des folgenden Gleichungssystems für $z_r = (x_r, y_r)$ in $E \times F$:

$$B_r z_r = rd,$$

wobei $B_r : E \times F \to E \times F$ nach (2.6),(2.8) durch

$$B_r = \begin{pmatrix} A & C^* \\ C & -rJ \end{pmatrix} (J = \text{Identität in } L(F)) \qquad (2.10)$$

gegeben ist und $d \in E \times F$ durch $d = (\theta_E, \hat{\lambda})$.

Für $z = (x,y) \in E \times F$ definieren wir $\|z\|^2 = \|x\|^2 + \|y\|^2$.

Der Operator $B_r : E \times F \to E \times F$ besitzt für alle $r > 0$ eine beschränkte Inverse B_r^{-1}, und es gibt eine Konstante $\beta > 0$ mit $\|B_r^{-1}\| \geq \beta$ (s.POLYAK [6]). Der Vollständigkeit halber soll diese Aussage hier noch einmal bewiesen werden:

Für ein festes $a \in E \times F$ betrachten wir für ein $r > 0$ die Gleichung

$$B_r z = a \qquad (2.11)$$

oder nach (2.10) mit $z = (x,y)$, $a = (a_1, a_2)$

$$Ax + C^* y = a_1, \quad Cx - ry = a_2 \ . \qquad (2.12)$$

Wegen (1.2)ist A invertierbar, daher folgt aus (2.12)

$$(CA^{-1}C^* + rJ)y = CA^{-1}a_1 - a_2 \ . \qquad (2.13)$$

Da C eine Abbildung <u>auf</u> F ist, existiert eine Konstante $\delta > o$ mit

$$\|C^* y\|^2 \geq \delta \|y\|^2 \text{ für alle } y \in F.$$

Damit kann man nun zeigen, daß der Operator $D_r = CA^{-1}C^* + rJ$ positiv definit ist:

$$\langle D_r y, y \rangle = \langle A^{-1}C^* y, C^* y \rangle + r \langle y, y \rangle$$

$$\geq \frac{1}{m}\|C^* y\|^2$$

$$\geq \frac{\delta^2}{m}\|y\|^2 \text{ für alle } r > o .$$

D_r ist also invertierbar, und es gilt $\|D_r^{-1}\| \leq \frac{m}{\delta^2}$ (2.14)

unabhängig von $r > o$. Damit folgt aus (2.13) und (2.12), daß die Gleichung (2.11) für alle $r > o$ eine eindeutige Lösung

$$z_r = B_r^{-1} a$$

besitzt. Nun ergibt sich aus (2.13) und (2.14) für $z_r = (x_r, y_r)$

$$\|y_r\| \leq \frac{m}{\delta^2} \left(\frac{\|C\|}{m} \|a_1\| + \|a_2\|\right)$$

oder

$$\|y_r\| \leq \tau_1 \|a\| \quad (2.15)$$

mit einer von r unabhängigen Konstanten $\tau_1 > o$, und damit aus der ersten Gleichung von (2.12)

$$\|x_r\| \leq \frac{1}{m}\|C^*\| \|y_r\| + \|a_1\| \leq \tau_2 \|a\| \quad (2.16)$$

mit einer ebenfalls von r unabhängigen Konstanten $\tau_2 > o$.

Aus (2.15),(2.16) folgt dann

$$\|z_r\| = \|B_r^{-1} a\| \leq (\tau_1^2 + \tau_2^2)^{1/2} \|a\|,$$ womit die Behauptung $\|B_r^{-1}\| \leq \beta$ (mit $\beta = (\tau_1^2 + \tau_2^2)^{1/2}$) bewiesen ist.

Sei nun ein $r_o > o$ vorgegeben; für r und s mit

$$o < s \leq r \leq r_o$$

seien u_r bzw. u_s die eindeutigen Lösungen von (P_r)bzw.(P_s). Definiert man $z_r = (x_r, y_r)$ und $z_s = (x_s, y_s)$ nach (2.5), dann gilt (s.(2.9))

$$B_r z_r = rd$$

und $$B_s z_s = sd \ .$$

Durch Subtraktion dieser beiden Gleichungen voneinander erhält man

$$B_r z_r - B_s z_s = (r-s)\ d$$

und damit

$$B_r(z_r - z_s) + (B_r - B_s)z_s = (r-s)d$$

oder

$$z_r - z_s = -B_r^{-1}(B_r - B_s)z_s + (r-s)B_r^{-1}d \ . \qquad (2.17)$$

Wegen Satz 1 und Satz 2 gilt

$$\lim_{s \to o} z_s = \theta_{E \times F} \ ,$$

damit also $\|z_s\| \leq R_o$ für alle $o < s \leq r_o$ mit einem nur von r_o abhängigen $R_o > o$. Außerdem ist

$$\|B_r - B_s\| = r-s \ ,$$

was sofort aus der Definition (2.10) folgt. Damit ergibt sich aus (2.17) mit $\|B_r^{-1}\| \leq \beta$ für alle r,s mit $o < s \leq r \leq r_o$

$$\|z_r - z_s\| \leq (r-s)\beta(R_o + \|\bar{\lambda}\|) \ ,$$

weil ja $d = (\theta_E, \bar{\lambda})$. Hiermit ist die Behauptung des Satzes 4 vollständig bewiesen.

3. Über die näherungsweise Lösung der Hilfsprobleme $(\dot{P}_k)$

Die bei der COURANTschen Methode auftretenden unrestringierten Hilfsprobleme müssen i.a. iterativ gelöst werden. Bei der numerischen Realisierung der Penalty-Methode geht man wie folgt vor:

a) Man wählt ein Startelement $u^o \in E$, eine positive Nullfolge $\{r_k\}_{k>o}$ und eine Folge $\{l_k\}_{k>o}$ natürlicher Zahlen.

b) Setze k = 1.

c) u^{k-1} sei bereits berechnet. Man wähle u^{k-1} als Startelement zur iterativen Behandlung von (P_k) und führe l_k Iterationsschritte zur näherungsweisen Lösung von (P_k) durch. Sei u^k die auf diese Weise erhaltene Näherung an u_k (die exakte Lösung von (P_k)).

d) Ersetze k durch k+1 und beginne bei (c).

In dieser Arbeit untersuchen wir, unter welchen Voraussetzungen an die Folgen $\{r_k\}_{k>o}$ und $\{l_k\}_{k>o}$ die gewünschte Beziehung

$$\lim_{k\to\infty} u^k = \bar{u} \tag{3.1}$$

gültig ist. Daß (3.1) nicht für <u>jede</u> positive Nullfolge $\{r_k\}_{k>o}$ und <u>jede</u> Folge $\{l_k\}_{k>o}$ gültig ist, zeigt man leicht an einem Gegenbeispiel.

Als numerisches Verfahren zur näherungsweisen Behandlung der unrestringierten Hilfsprobleme (P_k) verwenden wir das Gradientenverfahren, das im folgenden kurz beschrieben wird.

Sei f ein zweimal stetig Frechet-differenzierbares Funktional auf dem Hilbertraum E. Den Gradienten $f'_u \in E$ an der Stelle $u \in E$ bezeichnen wir mit Fu; dadurch ist die Gradientenabb. $F: E \to E$ definiert. Sei außerdem H(u) die "Hessesche" von f, d.h. $H(u) = f''_u \in L(E,E)$.

VORAUSSETZUNG: Es existieren zwei positive Konstanten m und M derart, daß für alle $u, \eta \in E$ gilt

$$m\|\eta\|^2 \leq \langle H(u)\eta, \eta\rangle \leq M\|\eta\|^2 \tag{3.2}$$

<u>SATZ 5</u> <u>Unter der Voraussetzung (3.2) nimmt das Funktional f sein Minimum in genau einem Punkt $\tilde{u}\in E$ an.</u>
Denn nach (3.2) ist f ein stark konvexes, stetiges Funktional. $\tilde{u}$ ist genau dann Lösung des Optimierungsproblems

$$f(u) = \text{Min!}, \quad u\in E, \tag{3.3}$$

wenn es Lösung der Operatorgleichung

$$Fu = \Theta_E \tag{3.4}$$

ist.

Mit einem (noch geeignet zu wählenden) Parameter $\varrho>0$ ist (3.3) äquivalent zur Fixpunktgleichung

$$u = u-\varrho Fu.$$

Die Methode der Fixpunktiteration, angewandt auf die obige Gleichung

$$u_{n+1}=u_n-\varrho Fu_n, \quad n\geq 0; u_0\in E; \tag{3.5}$$

nennt man das Gradientenverfahren (mit fester Schrittweite).

Es gilt der folgende

<u>SATZ 6</u> <u>Sei δ eine reelle Zahl mit</u> $0<\delta\leq\frac{1}{M}$. <u>Man wähle ein ϱ mit</u> $\delta\leq\varrho\leq\frac{2}{M}-\delta$. <u>Dann konvergiert das durch (3.5) definierte Gradientenverfahren, und es gilt</u>

$$\| u_{n+1}-\tilde{u}\|\leq q\|u_n-\tilde{u}\|, \quad n\geq 0, \tag{3.6}$$

<u>wobei</u> $q=1-\delta m<1$; <u>$\tilde{u}$ ist dabei die Lösung von (3.4).</u>

Der Beweis folgt einfach aus dem Banachschen Fixpunktsatz, indem man zeigt, daß die Norm des Operators $Tu=u-\varrho Fu$ gerade gleich $1-\delta m<1$ ist; s.auch GOLDSTEIN [5].

Für das Folgende wählen wir stets $\varrho=\frac{1}{M}$, womit die Voraussetzungen von Satz 6 erfüllt sind; wir setzen

$$Vu=u-\varrho Fu;$$

und es gilt $\|V\|\leq q = 1-\frac{m}{M}$. (3.7)

Sei nun die Folge $\{r_k\}_{k>0}$ positiver reeller Zahlen mit

$\lim_{k\to\infty} r_k = o$ gegeben. Sei außerdem f_k das zu dem Problem (P_k) gehörende Funktional

$$f_k(u) = \frac{1}{2}\langle Au,u\rangle - \langle b,u\rangle + \frac{1}{2r_k}\|Cu-d\|^2. \qquad (3.8)$$

Sei V_k: $E \to E$ der zu f_k gehörende, beim Gradientenverfahren auftretende Operator

$$V_k u = u - \varrho_k F_k u, \quad k > o; \qquad (3.9)$$

dabei sei F_k die Gradientenabbildung zu f_k und ϱ_k die Schrittweite, die wie oben beschrieben gewählt wird. Mit einem beliebigen $u_o \in E$ gilt dann nach Satz 6 (für $l \in N$ sei $V_k^{l+1} u . = V_k(V_k^l u), l \geq 1$):

$$\lim_{l\to\infty} V_k^l u_o = u_k, \quad k = 1,2,\ldots, \qquad (3.10)$$

wobei u_k die eindeutige Lösung des Optimierungsproblems (P_k) ist.

Wegen $\lim_{k\to\infty} u_k = \bar{u}$

($\bar{u}$=Lösung des Ausgangsproblems (P)) gilt daher für beliebiges $u_o \in E$

$$\bar{u} = \lim_{k\to\infty} \lim_{l\to\infty} V_k^l u_o .$$

Im nächsten Abschnitt behandeln wir die Frage, unter welchen Voraussetzungen an die Folge $\{r_k\}_{k>o}$ und die Folge $\{l_k\}_{k>o}$ natürlicher Zahlen die Beziehung

$$\bar{u} = \lim_{k\to\infty} V_k^{l_k} V_{k-1}^{l_{k-1}} \ldots\ldots V_1^{l_1} u^o \qquad (3.11)$$

für $u^o \in E$ gilt.

Die Iterationsvorschrift

$$u^k = V_k^{l_k} u^{k-1}, \quad k > 1, \quad u^o \in E \qquad (3.12)$$

entspricht gerade dem am Anfang dieses Abschnittes beschriebenen Vorgehen bei der numerischen Realisierung der COURANTschen Penalty-Methode.

4. Eine notwendige und hinreichende Bedingung für die Konvergenz des Verfahrens.

Im folgenden untersuchen wir das Verfahren (3.12). $u^o \in E$ sei fest gewählt. Sei $\{r_k\}_{k>o}$ wie stets eine positive Nullfolge und $\{l_k\}_{k>o}$ eine Folge natürlicher Zahlen. Mit $\{u_k\}_{k>o}$ bezeichnen wir die Folge der (exakten) Lösungen der Hilfsprobleme (P_k) und mit $\{u^k\}_{k>o}$ die durch (3.12) definierte Folge.

LEMMA 1 Es gibt ein $\gamma > o$ derart, daß für alle $k>o$

$$\|V_k\| \leq q_k = 1-\gamma r_k, \quad \left(V_k u = u - \frac{1}{M_k} f_k'(u),\ M_k \text{ nach } (4.2a)\right), \qquad (4.1)$$

wobei $o < \gamma r_k < 1$ für alle $k>o$.

Beweis: Nach (3.7) haben wir Zahlen m_k, M_k zu berechnen mit

$$m_k \|\eta\|^2 \leq \langle f_k''(u)\eta,\eta\rangle \leq M_k \|\eta\|^2 \qquad (4.2)$$

Nach Definition (3.8) von f_k und Voraussetzung (a) aus Abschnitt 1 folgt sofort, daß

$$m_k = m\,,$$

$$M_k = M + \frac{1}{r_k}\|C^*C\| \quad (\text{wobei } M. = \|A\|)$$

für alle $k>o$ die Bedingung (4.2) erfüllen.

Aus (3.7) folgt daher

$$\|V_k\| \leq 1 - r_k \cdot \frac{m}{Mr_k + \|C^*C\|}\ .$$

Es gibt eine Zahl $r_o > o$ mit $r_k \leq r_o$ für alle $k \geq 1$; damit gilt

$$\|V_k\| \leq 1 - \gamma r_k$$

mit $\gamma = \frac{m}{Mr_o + \|C^*C\|}$. Es ist $o < \gamma r_k \leq \gamma r_o = \frac{r_o\, m}{Mr_o + \|C^*C\|} < 1$,

weil $\|C^*C\| > o$. Damit ist die Behauptung bewiesen.

Für den Beweis des Konvergenzsatzes benötigen wir noch das folgende

LEMMA 2 Gegeben seien die reellen Zahlenfolgen $\{\alpha_k\}_{k \geq o}$, $\{\beta_k\}_{k \geq 1}$ und $\{q_k\}_{k \geq 1}$. Es gelte

(i) $\beta_k \geqslant 0$ <u>für alle $k \geqslant 1$ und</u> $\sum_{i=1}^{\infty} \beta_i < +\infty$

(ii) $0 < q_k < 1$ <u>für alle $k \geqslant 1$ und</u> $\prod_{i=1}^{\infty} q_k = 0$

(iii) $0 \leqslant \alpha_k \leqslant q_k(\alpha_{k-1} + \beta_k)$ <u>für alle</u> $k \geqslant 1$.

<u>Dann gilt</u>

$$\lim_{k\to\infty} \alpha_k = 0 \;.$$

Beweis: Durch Induktion erhält man aus (iii) für alle $k \geqslant 1$

$$0 \leq \alpha_k \leq \alpha_0 \prod_{i=1}^{k} q_i + \sum_{i=1}^{k} (\beta_i \prod_{j=i}^{k} q_j) \;. \tag{4.3}$$

Wegen (ii) konvergiert der erste Term der rechten Seite in (4.3) gegen Null. Dasselbe zeigen wir nun auch für den zweiten Term:

Zu jedem $\varepsilon > 0$ existiert wegen (i) eine natürliche Zahl $k(\varepsilon)$ derart, daß für alle $k > k(\varepsilon)$

$$\sum_{i=k(\varepsilon)}^{k} \beta_i \leq \varepsilon. \tag{4.4}$$

Für alle $k > k(\varepsilon)$ ist nun

$$\sum_{i=1}^{k} (\beta_i \prod_{j=i}^{k} q_j) = \sum_{i=1}^{k(\varepsilon)} (\beta_i \prod_{j=i}^{k} q_j) + \sum_{i=k(\varepsilon)+1}^{k} (\beta_i \prod_{j=i}^{k} q_j) \;. \tag{4.5}$$

Wegen $q_j < 1$ gilt für den zweiten Term der rechten Seite in (4.5) nach (4.4)

$$\sum_{i=k(\varepsilon)+1}^{k} (\beta_i \prod_{j=i}^{k} q_j) < \sum_{i=k(\varepsilon)}^{k} \beta_i < \varepsilon. \tag{4.6}$$

Der erste Term der rechten Seite von (4.5) wird wie folgt umgeformt:

$$\sum_{i=1}^{k(\varepsilon)} (\beta_i \prod_{j=i}^{k} q_j) = \left(\prod_{i=1}^{k} q_i \right) \left\{ \sum_{i=1}^{k(\varepsilon)} [\beta_i (\prod_{j=1}^{i-1} q_j)^{-1}] \right\} = c(\varepsilon) \prod_{i=1}^{k} q_i ,$$

wobei $c(\varepsilon)$ unabhängig von k ist. Damit erhält man aus (4.5) und (4.6)

$$\sum_{i=1}^{k}(\beta_i\prod_{j=i}^{k}q_j)\leq c(\varepsilon)\prod_{i=1}^{k}q_i+\varepsilon$$

und damit bei festem $\varepsilon>0$:

$$\lim_{k\to\infty}\sum_{i=1}^{k}(\beta_i\prod_{j=i}^{k}q_j)\leq\varepsilon;$$

da ε beliebig ist, haben wir damit die Behauptung

$$\lim_{k\to\infty}\alpha_k=0$$

bewiesen.

Wir kommen nun zur Formulierung des Hauptsatzes.

SATZ 7 u^0 sei beliebig in E gewählt. $\{r_k\}_{k>0}$ sei eine antitone Nullfolge positiver Zahlen und $\{l_k\}_{k>0}$ eine Folge natürlicher Zahlen. Es gelte

$$\sum_{k=1}^{\infty}l_k r_k=+\infty. \tag{4.7}$$

Dann konvergiert das Iterationsverfahren

$$u^k=V_k^{l_k}u^{k-1},\ k\geq 1,\quad u^0\in E,$$

gegen die eindeutige Lösung $\bar{u}$ des Optimierungsproblems (P).

Anmerkung: Die Notwendigkeit der Bedingung (4.7) wurde an einem kleinen Beispiel in [4] gezeigt.

Beweis: Wir definieren die Folgen $\{\alpha_k\}_{k\geq 0}$, $\{\beta_k\}_{k\geq 1}$ und $\{q_k\}_{k\geq 1}$ durch

$$\alpha_k=\|u^k-u_k\|,\ k\geq 1$$

$$\alpha_0=\|u^0-u_1\|,$$

$$\beta_k=\alpha(r_k-r_{k+1}),\ k\geq 1,$$

wobei $\{u_k\}_{k>0}$ die Folge der exakten Lösungen der Probleme (P_k) ist und α die Konstante aus Satz 4.

Außerdem sei

$$q_k=(1-\gamma r_k)^{l_k}\quad,\ k\geq 1$$

mit der Konstanten $\gamma>o$ aus Lemma 1.
Für diese Folgen sind nun alle Voraussetzungen von Lemma 2 erfüllt:

(i) : $\beta_k\geq o$ wegen $r_{k+1}\leq r_k (k\geq 1)$ und

$$\sum_{i=1}^{\infty}\beta_i=\alpha\sum_{i=1}^{\infty}(r_k-r_{k+1})=\alpha r_1<+\infty;$$

(ii) : $o<q_k<1$ für $k\geq 1$ ist klar wegen Lemma 1.

Außerdem gilt

$$\lim_{k\to\infty}\prod_{i=1}^{k}q_k=\lim_{k\to\infty}\prod_{i=1}^{k}(1-r_k)^{l_k}=o,$$

weil die unendliche Reihe $\sum r_k l_k$ divergiert.

(iii) : Für $k\geq 1$ ist nach Definition der α_k,β_k und q_k

$$o\leq\alpha_k=\|u^k-u_k\|=\|V_k^{l_k}u^{k-1}-V_k^{l_k}u_k\|\leq q_k\|u^{k-1}-u_k\|,\qquad (4.8)$$

wobei wir Lemma 1 benutzt haben sowie die Tatsache, daß u_k Fixpunkt von V_k ist. Weiter folgt aus (4.8)

$$\alpha_k\leq q_k\|u^{k-1}-u_k\|\leq q_k(\|u^{k-1}-u_{k-1}\|+\|u_{k-1}-u_k\|);$$

mit Satz 4 und nach Definition der β_k erhalten wir damit

$$o\leq\alpha_k\leq q_k(\alpha_{k-1}+\beta_k)\ .$$

Aus Lemma 2 folgt daher

$$\lim_{k\to\infty}\|u^k-u_k\|=o\ ;\qquad (4.9)$$

nun gilt

$$\|\bar{u}-u^k\|\leq\|\bar{u}-u_k\|+\|u_k-u^k\|,$$

woraus sich mit Satz 2 und (4.9) die Behauptung des Konvergenzsatzes ergibt.

5. Konvergenzgeschwindigkeit

Sei N eine feste natürliche Zahl. Dann erfüllen alle Folgen $\{r_k\}_{k>0}$, $\{l_k\}_{k>0}$ mit

$$r_k l_k = \frac{N}{k} \tag{5.1}$$

die Voraussetzungen des Satzes 7 (wobei wieder $\{r_k\}_{k>0}$ als monoton fallende Nullfolge vorausgesetzt sei).

Wir wählen nun speziell

$$r_k = \frac{1}{k}, \quad k \geq 1, \tag{5.2}$$

also damit $\quad l_k = N$ für alle $k \geq 1$.

Für jedes Hilfsproblem (P_k) wird also dieselbe Anzahl N von Iterationsschritten durchgeführt. Die Konvergenzgeschwindigkeit hängt nun allein und sehr wesentlich vom Parameter N ab.

Im folgenden werden wir zeigen, daß für genügend großes $N \geq N_o$ (für N_o geben wir eine untere Schranke an) mit den Folgen (5.2) eine Konvergenzgeschwindigkeitsabschätzung der Gestalt

$$\| \bar{u} - u^k \| \leq c/k, \quad k \geq 1$$

für die durch das Iterationsverfahren (3.12) definierte Folge erhalten werden kann. Gleichzeitig erhalten wir damit natürlich einen neuen Beweis für den Konvergenzsatz 7 speziell für die in (5.2) definierten Folgen $\{r_k\}_{k>0}$ und $\{l_k\}_{k>0}$.

<u>SATZ 8</u> <u>Sei</u> $\rho = \|A^{-1}\|^{-1}(\|A\| + \|C^* C\|)^{-1}$. <u>Wenn man die Folgen</u> $\{r_k\}_{k>0}$ <u>und</u> $\{l_k\}_{k>0}$ <u>nach</u> (5.2) <u>wählt, wobei</u>

$$N\rho \geq 2 \tag{5.3}$$

<u>vorausgesetzt wird, dann gibt es eine Konstante</u> $c>0$ <u>derart, daß für die durch</u>

$u^k = V_k^N u^{k-1}, k \geq 1;\ u^o \in E$ beliebig, definierte Folge

die Abschätzung

$$\| \bar{u} - u^k \| \leq c/k \qquad (5.4)$$

gültig ist.

Beweis. Wir benutzen wieder die Bezeichnungen aus Abschnitt 4, Satz 7. Es gilt

$$\| \bar{u} - u^k \| \leq \| \bar{u} - u_k \| + \| u^k - u_k \| \ . \qquad (5.5)$$

Wegen (5.2) gilt für den ersten Term der rechten Seite nach (2.3a)

$$\| \bar{u} - u_k \| \leq \alpha / k \ . \qquad (5.6)$$

Für den zweiten Term gilt wegen (4.3)

$$\| u^k - u_k \| \leq \| u^o - u_1 \| \prod_{i=1}^{k} q_i + \prod_{i=1}^{k} q_i \sum_{i=1}^{k} (\beta_i \{ \prod_{j=1}^{i-1} q_j \}^{-1}) \ . \qquad (5.7)$$

Dabei ist in diesem Fall

$$q_i = (1 - \gamma / i)^N, i = 1, 2, \ldots \qquad (5.8)$$

wobei (s. den Beweis von Lemma 1)

$$\gamma = m / (M + \| C^* C \|),$$

da ja in diesem Fall $r_o = \max_{i > o} \{ r_i \} = 1$ gilt.

Es war $M = \| A \|$; (1.2) ist sicher auch mit $m = \| A^{-1} \|$ erfüllt, in (5.7) bzw. (5.8) setzen wir also

$$\gamma = \rho = \| A^{-1} \|^{-1} (\| A \| + \| C^* C \|)^{-1} \ .$$

Außerdem ist für $i \geq 1$

$$\beta_i = \alpha (r_i - r_{i+1}) = \alpha (\frac{1}{i} - \frac{1}{i+1}) \leq \alpha / i^2 . \qquad (5.9)$$

Es existieren positive Konstanten c_1, c_2 derart, daß

$$c_1 \exp (-\rho N \sum_{i=1}^{k} \frac{1}{i}) \leq \prod_{i=1}^{k} q_i \leq c_2 \exp (-\rho N \sum_{i=1}^{k} \frac{1}{i}) \qquad (5.10)$$

für alle $k \geq 1$ gültig ist (das folgt aus der Konvergenz der Reihe $\sum r_k^2$). Außerdem gibt es positive Konstanten d_1, d_2 derart, daß

$$d_1 k \leq \exp\left(\sum_{i=1}^{k} \frac{1}{i}\right) \leq d_2 k \tag{5.11}$$

für alle $k \geq 1$, da ja $\lim_{k \to \infty} \frac{1}{k} \exp\left(\sum_{i=1}^{k} \frac{1}{i}\right) = c$ gilt mit $c = \ln C$, C = Eulersche Konstante.

Aus (5.10) und (5.11) folgert man

$$c_3 k^{-\varphi N} \leq \prod_{j=1}^{k} q_j \leq c_4 k^{-\varphi N}, \quad k \geq 1, \tag{5.12}$$

wobei $c_3 = c_1/d_2^{\varphi N}$ und $c_4 = c_2/d_1^{\varphi N}$.

Für den ersten Term der rechten Seite in (5.7) erhalten wir daher mit (5.12)

$$\| u^0 - u_1 \| \prod_{i=1}^{k} q_i \leq \| u^0 - u_1 \| c_4 / k^2, \tag{5.13}$$

da $\varphi N \geq 2$ vorausgesetzt war.

Nun wird (5.9) und (5.12) für den zweiten Anteil in (5.7) benutzt:

$$\prod_{i=1}^{k} q_i \sum_{i=1}^{k} \left(\beta_i \left\{ \prod_{j=1}^{i-1} q_j \right\}^{-1}\right) \leq c_4 k^{-\varphi N} \alpha \sum_{i=1}^{k} \left(\frac{1}{i^2} \cdot \frac{1}{c_3} \cdot (i-1)^{\varphi N}\right)$$

$$\leq \frac{\alpha\, c_4}{c_3} k^{-\varphi N} \sum_{i=1}^{k} i^{\varphi N - 2} \quad . \tag{5.14}$$

Nun gibt es zu jeder Zahl $x \geq 0$ eine Konstante e_x derart, daß

$$\sum_{i=1}^{k} i^x \leq e_x k^{1+x} \tag{5.15}$$

erfüllt ist für alle $k \geq 1$.

Setzen wir in (5.14) $x = \varphi N-2 \geq 0$ und $e_x = e_1$, dann ist

$$k^{-\varphi N} \sum_{i=1}^{k} i^{\varphi N-2} \leq e_1 k^{-\varphi N} \cdot k^{\varphi N-1}$$

$$\leq e_1 k^{-1} .$$

Zusammen mit (5.5),(5.6),(5.7) und (5.14) ergibt das

$$\| \bar{u}-u^k \| \leq \alpha k^{-1} + c_4 \| u^o - u_1 \| k^{-2} + \frac{\alpha c_4}{c_3} e_1 \cdot k^{-1}, \qquad (5.16)$$

womit die Behauptung des Satzes bewiesen ist.

An Stelle von (5.2) betrachten wir nun die Folgen

$$\left. \begin{array}{l} r_k = k^{-s} \\ \\ l_k = N \cdot K^{s-1} \end{array} \right\} \quad k \geq 1 , \qquad (5.17)$$

wobei $s \geq 1$ eine feste natürliche Zahl ist.
Analog zum Satz 8 erhalten wir in diesem Fall für ein $N > 0$ mit

$$N\varphi \geq s+1$$

die Abschätzung

$$\| \bar{u}-u^k \| \leq c(s) k^{-s} . \qquad (5.18)$$

Da die Anzahl der Iterationen zur Gewinnung von u^k in diesem Fall

$$N \cdot \sum_{i=1}^{k} i^{s-1}$$

beträgt, also asymptotisch proportional zu k^s ist, erhalten wir für alle $s \geq 1$, d.h. für alle "Strategien" (5.17) dieselbe Konvergenzgeschwindigkeit.

LITERATUR

[1] BELTRAMI, E.J. A constructive proof of the Kuhn-Tucker multiplier rule. J.Math.Anal.Appl. 26 297-306, 1966.

[2] COURANT, R. Variational methods for the solution of problems of equilibrium and vibrations. Bull.Am.Math.Soc., 49, 1-23, 1943

[3] GLASHOFF, K. Über eine Penalty-Methode. Computing 10, 157-165, 1972

[4] GLASHOFF, K. Eine Einbettungsmethode zur Lösung nichtlinearer restringierter Optimierungsprobleme. Erscheint demn.in: Operations-Research-Verfahren, Hrsg. R.Henn, (1974).

[5] GOLDSTEIN, A.A. Constructive real analysis Harper & Row, New York, 1967

[6] POLYAK, B.T. The convergence rate of the penalty function method. Zh.vychisl.Mat.mat. Fiz.11, (1), 3-11, 1971.

Klaus Glashoff
Fachbereich Mathematik
TH Darmstadt
61 Darmstadt, Kantplatz 1

ISNM 23 Birkhäuser Verlag, Basel und Stuttgart, 1974

LINEAR DECOMPOSITION OF A POSITIVE GROUP-BOOLEAN FUNCTION

Peter L. Hammer and Ivo G. Rosenberg

By a positive G-Boolean function F we mean a nondecreasing mapping of $\{0,1\}^n$ into an ordered abelian group G. The possibility of representing any such function F as the minimum of several "linear" positive G-Boolean functions is proved. A family of special linear functions is associated to F and a necessary and sufficient condition is given to characterize subsets of this family which can be used for the above representation. An upper bound for the size of such a subset is also given. The case of pseudo-Boolean functions, i.e. of R-Boolean functions (where R is the additive group of the reals), has numerous applications and has inspired this paper. The use of R-Boolean functions in game theory is discussed in [6].

§ 1. Introduction and preliminaries

Let n be a positive integer and let $N = \{1,2,\ldots,n\}$. Let G be an ordered abelian group. The group operation is denoted by $+$. Any mapping from $\{0,1\}^n$ into G is called a G-Boolean function. The special case when G is the additive group R, Q or Z

of reals, rationals, or integers, respectively, is frequently met in practical situations (e.g. discrete optimization, graph theory and combinatorics, switching and automata theory etc.; see for example [5]). Applications of R-Boolean functions in game theory are discussed in [6]. Because the special properties of R do not intervene in any of the discussions below, all the results are formulated for the general case of an ordered abelian group.

For notational convenience we shall introduce the two trivial operators 0 and 1 on G defined by $g0$ equals to the zero element of the group and $g1 = g$ for every $g \in G$.

Exactly as in [4] (see also [5]) it can be shown that any G-Boolean function F has a "polynomial" representation, i.e. for any vector $X = (x_1, \dots, x_n) \in \{0,1\}^n$

$$F(X) = \Sigma_{h=1}^{H} \alpha_h \Pi_{j \in A_h} x_j$$

where the A_h's are pairwise distinct subsets of $N = \{1,2,\dots,n\}$. Of course, F can be written as

$$F(X) = F^{\ell}(X) + F^{+}(X) + F^{-}(X) \quad ,$$

where

$$F^{\ell}(X) = \beta_0 + \Sigma_{j \in N} \beta_j x_j \quad ,$$

$$F^{+}(X) = \Sigma_{i=1}^{k} \gamma_i \Pi_{j \in C_i} x_j \quad , \tag{1}$$

$$F^{-}(X) = \Sigma_{i=1}^{\ell} \delta_i \Pi_{j \in D_i} x_j \quad , \tag{2}$$

and all β's are in G, all γ's are elements of G greater than zero, all δ's are elements of G not greater or equal to zero, and the C's and D's are pairwise distinct subsets of N, each such subset containing at least two elements. A function F is said to be linear if $F = F^{\ell}$. A function F is said to be positive (negative) if F is not identically zero and $F = F^{+} (F = F^{-})$. In this paper we shall deal only with the case of positive functions.

The question to be discussed in this paper is that of determining a family Λ of linear functions $\ell(X)$ associated to a positive function $F(X)$ and such that for every 0-1 vector X,

$$F(X) = \min_{\ell \in \Lambda} \ell(X) \tag{3}$$

Note that the representation (3) can be interpreted as a very special case of piecewise linear decomposition of $F(X)$ (by this we mean a set partition of $\{0,1\}^n$ together with linear functions ℓ_α such that on each class C_α of the set partition the function $F(X)$ agrees with $\ell_\alpha(X)$).

Apparently, finding a representation (3) with Λ of reasonable size is not an easy problem. Such a representation would e.g. permit the conversion of any 0-1 polynomial problem: maximize $F_0(X)$ subject to $F_j(X) \geq a_j$ $(j \in M)$, $X \in \{0,1\}^n$ with positive F's to the mixed linear 0-1 problem:

maximize y subject to $y \leq f_{0k}(X)$ $(k \in \Lambda_0)$

$f_{jh}(X) \geq a_j$ $(j \in M,\ h \in \Lambda_j)$, $y \in R$, and $X \in \{0,1\}^n$

(we add only one artificial continuous variable y in distinction from the standard linearization procedures [3] that increase drastically the number of variables).

§ 2. Basic representation

Let F be a given positive G-Boolean function

$$F(X) = \sum_{i=1}^{k} \gamma_i \prod_{j \in C_i} x_j . \tag{4}$$

Let further $C = \{C_1, \dots, C_k\}$. Let $K = C_1 \times \dots \times C_k$ be the cartesian product of the sets C_i. We call any $s = (s_1, \dots, s_k) \in K$ a selector and associate to it the linear function

$$f_s(X) = \sum_{j=1}^{k} \gamma_j x_{s_j} , \tag{5}$$

which we call a linear factor.

Example 1. Let $F = 5x_1x_2 + 2x_1x_3 + x_2x_3$. Let $K = \{1,2\} \times \{1,3\} \times \{2,3\} = \{(1,1,2), (1,1,3), (1,3,2), (1,3,3), (2,1,2), (2,1,3), (2,3,2), (2,3,3)\}$.

then

$f_{(1,1,2)} = 5x_1 + 2x_1 + x_2 = 7x_1 + x_2$, $f_{(1,1,3)} = 7x_1 + x_3$,

$f_{(1,3,2)} = 5x_1 + x_2 + 2x_3$, $f_{(1,3,3)} = 5x_1 + 3x_3$,

$f_{(2,1,2)} = 2x_1 + 6x_2$, $f_{(2,1,3)} = 2x_1 + 5x_2 + x_3$

$f_{(2,3,2)} = 6x_2 + 2x_3$, $f_{(2,3,3)} = 5x_2 + 3x_3$.

In Table 1 we have listed the values of the functions F and $f_{(1,1,2)}, \dots, f_{(2,3,3)}$.

x_1	x_2	x_3	F	$f_{(1,1,2)}$	$f_{(1,1,3)}$	$f_{(1,3,2)}$	$f_{(1,3,3)}$	$f_{(2,1,2)}$	$f_{(2,1,3)}$	$f_{(2,3,2)}$	$f_{(2,3,3)}$
0	0	0	0	0	0	0	0	0	0	0	0
0	0	1	0	0	1	2	3	0	1	2	3
0	1	0	0	1	0	1	0	6	5	6	5
0	1	1	1	1	1	3	3	6	6	8	8
1	0	0	0	7	7	5	5	2	2	0	0
1	0	1	2	7	8	7	8	2	3	2	3
1	1	0	5	8	7	6	5	8	7	6	5
1	1	1	8	8	8	8	8	8	8	8	8

Table 1

It can be seen from this table that for every $X \in \{0,1\}^n$

$$F(X) = \min_{s \in K} f_s(K) \quad .$$

This is not incidental:

Proposition 1. Let F be a positive function. Then

$$F(X) = \min_{s \in K} f_s(X) \quad .$$

Although a direct proof of this proposition is very easy we prefer to view this result as a corollary of Proposition 2.

§ 3. Elimination of redundancies

Examining Table 1 we notice that $F(X)$ is not only equal to $\min_{s \in K} f_s$ but also to

$$\min \left(f_{(1,1,2)}(X),\ f_{(1,3,3)}(X),\ f_{(2,3,2)}(X) \right)$$

and to

$$\min \left(f_{(1,1,3)}(X),\ f_{(2,1,2)}(X),\ f_{(2,3,3)}(X) \right),$$

or to

$$\min \left(f_{(1,1,2)}(X),\ f_{(1,3,3)}(X),\ f_{(2,1,2)}(X),\ f_{(2,3,3)}(X) \right).$$

A family $Q \subseteq K$ of selectors will be called complete if for any 0-1 vector X, $F(X) = \min_{q \in Q} f_q(X)$. The interest of finding minimal (or at least small) complete families of selectors is self-evident.

Complete families can be characterized by the following:

Proposition 2. The family Q of selectors is complete if and only if to any $M \subseteq N$ there exists $s = (s_1, \ldots, s_k) \in Q$ such that for every $j = 1, \ldots, k$

$$s_j \in M \Longrightarrow C_j \subseteq M . \qquad (6)$$

Proof: Let us consider a fixed 0-1 vector X , let $M = \{ i \in N | x_i = 1 \}$ and let $s \in Q$. From (5), $f_s(X) = \sum_{j=1}^{k} \gamma_j x_{s_j}$. Then

$$f_s(X) = \sum_{C_j \subseteq M} \gamma_j x_{s_j} + \sum_{C_j \nsubseteq M} \gamma_j x_{s_j}$$

$$= \sum_{C_j \subseteq M} \gamma_j + \sum_{s_j \in M,\ C_j \nsubseteq M} \gamma_j$$

$$= F(X) + \sum_{s_j \in M,\ C_j \nsubseteq M} \gamma_j \quad .$$

From the fact that each γ_j is greater than the zero-element it follows that $f_0(X) \geq F(X)$; equality taking place if and only if in the last sum the summation is over the empty set, i.e. if and only if (6) holds, thus completing the proof.

Corollary 1. Every complete family Q of selectors has the property that for every $1 \leq i \leq n$ there exists $s \in Q$ such that $s_j \neq i$ for all $j = 1, \ldots, k$.

This follows immediately from Proposition 2 by particularizing M to $\{i\}$.

The proof of Proposition 1 is now immediate. Indeed, let $M \subseteq N$. Choose $s_j \in C_j \setminus M$ if $C_j \setminus M \neq \emptyset$, and arbitrarily otherwise. The implication $s_j \in M \Longrightarrow C_j \subseteq M$ holds now obviously. Since $s \in K$, this proves that K is complete.

Remark 2. The completeness of a family does not depend on the particular values of the γ's but only on $C = \{C_1, \ldots, C_k\}$.

Remark 3. Let F be a G-Boolean function and let the associated C consist of $C_1, \ldots, C_k$. Let Λ be a complete family of selectors for F . Let F' be a G-Boolean function whose associated family is $C' \subseteq C$. For any $s \in \Lambda$ let s' be obtained by deleting from s the components s_j corresponding to $C_j \in C \setminus C'$. Then $\Lambda' = \{s' \mid s \in \Lambda\}$ is complete for F' . Notice that Λ' may be complete even if Λ was not.

It was noticed before that the family of all selectors K (containing $\prod_{j=1}^{k} |C_j|$ selectors) is complete but by no means minimal. Another complete family containing at most $\alpha = \binom{n}{[\frac{n}{2}]}$ elements will be constructed below.

Consider a total order $\leq_\omega$ on N and associate to it $s(\omega) \in K$ defined as follows: For every j set $s(\omega)_j$ to be the least element (in ω) of the set C_j . By an upper order ideal in ω we understand the empty set and all the sets $\{y \in N \mid y \geq_\omega x\}$ $(x \in N)$.

Proposition 3. Let Ω be a set of total orders on N such that each $M \subseteq N$ is an upper order ideal in some order from Ω. Then $\{ s(\omega) \mid \omega \in \Omega \}$ is complete.

Proof: Let $\emptyset \neq M \subseteq N$. Then, by assumption there exists an order ω in Ω such that M is an upper order ideal in $\leq_\omega$. Let $s(\omega)_j \in M$. Since $s(\omega)_j$ is the least element of C_j and M is an upper order ideal, clearly $C_j \subseteq M$. Hence the condition of Proposition 2 holds.

Corollary 2. There exists a complete family of selectors containing at most $\binom{n}{[\frac{n}{2}]}$ elements.

Proof: Combining Dilworth's theorem [2] and Sperner's lemma [8] (see also [1], [7]) it can be verified that there exists Ω satisfying the assumptions of Proposition 3 with

$$|\Omega| = \binom{n}{[\frac{n}{2}]} \quad .$$

Example 2. Let $n = 3$ and let $C = \{ \{1,2\}, \{1,3\}, \{2,3\}, \{1,2,3\} \}$. Consider the following total orders on $\{1,2,3\}$:

$$1 \leq_1 2 \leq_1 3 \ , \ 2 \leq_2 3 \leq_2 1 \ , \ 3 \leq_3 1 \leq_3 2 \quad .$$

The corresponding selectors $s(i)$ are

$$(1,1,2,1) \ , \ (2,3,2,2) \ , \ (1,3,3,3) \quad . \qquad (7)$$

It is easy to verify that every subset $\emptyset \neq M \subseteq \{1,2,3\}$ is an upper order ideal in one of the orders. Thus (7) forms a complete family. If we delete $\{1,2,3\}$ from C, by Remark 3 we get the following complete family for $\{ \{1,2\}, \{1,3\}, \{2,3\} \}$: $\{(1,1,2) \ , \ (2,3,2) \ , \ (1,3,3)\}$.

Note that this agrees with the result of Example 1. The second minimal complete family mentioned in Example 1 can be obtained in a similar way from the chains
$2 \leq_4 1 \leq_4 3$, $1 \leq_5 3 \leq_5 2$, $3 \leq_5 2 \leq_5 1$.

Remark 4. Our discussion is limited to the case of positive G-Boolean functions. Let G be linearly ordered. In principle to any G-Boolean function $F(x_1,\dots,x_n)$ we can assign a positive G-Boolean function $P(x_1,\dots,x_{2n-1})$ and a linear function $L(x_1,\dots,x_n)$ such that for every $(x_1,\dots,x_n) \in \{0,1\}^n$ we have

$$F(x_1,\dots,x_n) = L(x_1,\dots,x_n) + P(x_1,\dots,x_n,\bar{x}_1,\dots,\bar{x}_{n-1})$$

(where $\bar{x}_i = 1 - x_i$) . Needless to say that this approach does not seem too practical because of the increase in the number of variables. To construct L and P we can proceed as follows. Since G is linearly ordered the coefficients δ_i in (2) are all less than the zero element. We set $H_0 = F^-$ and express it in the form

$$H_0(x_1,\dots,x_n) = - x_1 H_1(x_2,\dots,x_n) - I_1(x_2,\dots,x_n). \quad (8)$$

Note that each of H_1 and I_1 is either identically zero or a positive G-Boolean function. From (8) we have

$$H_0(x_1,\dots,x_n) = (1 - x_1) H_1(x_2,\dots,x_n) - H_1(x_2,\dots,x_n) - I_1(x_2,\dots,x_n)$$

$$= \bar{x}_1 H_1(x_2,\dots,x_n) - H_2(x_2,\dots,x_n) .$$

Now we can apply the same procedure to the negative G-Boolean function $- H_2(x_2,\dots,x_n)$, etc. and finally obtain

$$F^{-}(x_1,\ldots,x_n) = \Sigma_{i=1}^{n-1} \bar{x}_i \, H_i(x_{i+1},\ldots,x_n) - H_n(x_n), \qquad (9)$$

where clearly $H_n(x_n)$ is linear. By aggregating the linear terms in (9) we arrive to the desired result.

Acknowledgement. The partial support offered through Grant # A-8552 of The National Research Council of Canada is gratefully acknowledged.

References

[1] Baker K.A.: A Generalization of Sperner's Lemma, J. Comb. Theory 6 (1969), 224-225.

[2] Dilworth R.P.: A decomposition theorem for partially ordered sets. Ann. of Math. 51 (1950), 161-166.

[3] Fortet R.: Applications de l'algèbre de Boole en recherche opérationelle. Rev. Francaise Recherche Opér. 4 (1960), 17-26.

[4] Hammer P.L. (Ivanescu), I. Rosenberg, S. Rudeanu: On the determination of the minima of pseudo-Boolean functions (Roumanian, with Russian and French summaries). Studii si cercetari matematice XIV (1963), 359-364.

[5] Hammer P.L., S. Rudeanu: Boolean Methods in Operations Research and Related Areas, Springer-Verlag 1968, Dunod 1970.

[6] Hammer P.L., U.N. Peled, S. Sorensen: "Pseudo-Boolean Functions and Game Theory. I. Core Elements and Shapley Value", University of Waterloo, Combinatorics and Optimization, Research Report CORR 73-26, October 1973.

[7] Lubell D.: A short proof of Sperner's lemma. J. Comb. Theory 1 (1966), 299.

[8] Sperner E.: Ein Satz über Untermengen einer endlichen Menge. *Math. Zeit.* 27 (1928), 544-548.

Peter L. Hammer
Centre de recherches mathématiques,
Université de Montréal
Montréal, Canada

Ivo G. Rosenberg
Centre de recherches mathématiques,
Université de Montréal
Montréal, Canada

ISNM 23 Birkhäuser Verlag, Basel und Stuttgart, 1974

RUNDUNGSFEHLER IN DER LINEAREN OPTIMIERUNG

Werner Junginger

Rundungsfehler sind bei numerischen Rechnungen im allgemeinen unvermeidlich. Dies gilt auch für die lineare Optimierung, die verschiedene numerische Verfahren wie etwa die Simplexmethode oder die Steppingstonemethode verwendet. In der vorliegenden Arbeit wird versucht, Aussagen über die Grösse der hierbei auftretenden Rundungsfehler zu machen. Dann werden Schritte überlegt zur Verringerung oder Vermeidung derselben. Insbesondere werden die Verfahren zur iterativen Verbesserung der Inversen einer Matrix bzw. der Lösung eines Gleichungssystems in dieser Hinsicht untersucht. Es zeigt sich, dass man mit diesen Verfahren die Rundungsfehler stark reduzieren kann und über die Grösse dieser Verbesserung genauere Aussagen machen kann als bei anderen Verfahren.

This paper is concerned with rounding-errors as occuring in numerical methods for solving linear programming problems like, e.g., the simplex method and the stepping stone method. The paper attempts at estimating numerically these errors and considers methods to reduce or completely avoid them. In particular, the technique of iterative refinement is investigated in the special cases of inverting matrices and solving systems of linear equations. This technique proves to be extremely helpful for reducing the rounding-errors. Moreover, it permits more precise estimations of the amount of error reduction than other comparable methods.

1. Rundungsfehler

Bei numerischen Rechnungen treten in der Regel Rundungsfehler auf, da für die Rechnung nicht beliebig viele Stellen zur Verfügung stehen. Hierdurch ergeben sich einmal Fehler bei der Darstellung einer reellen Zahl und zum andern bei der Durchführung einer arithmetischen Verknüpfung.

Im folgenden werden die Verhältnisse zugrundegelegt, die beim Rechnen mit einem Computer in Gleitpunktarithmetik gelten. Hierzu sei

$$\pm .d_1 d_2 \ldots d_t \cdot b^e \qquad (1.1a)$$

eine Gleitpunktzahl in normalisierter Darstellung mit ganzzahligen d_i und e, wobei

$$0 \leq d_i \leq b - 1 \quad (i = 1,\ldots,t) \qquad (1.1b)$$

und

$$m \leq e \leq M \qquad (1.1c)$$

gilt. Für die Basis b sind die Werte 2, 8, 10 oder 16 üblich. Dann bildet für gegebenes b, t, m und M die Gesamtheit aller durch (1.1) darstellbaren Gleitpunktzahlen eine endliche Menge F. Seien nun x und y aus F und x o y bedeute eine arithmetische Verknüpfung der beiden Zahlen (Addition, Subtraktion, Multiplikation oder Division). Ist dann gl(x o y) diejenige Gleitpunktzahl aus F, die der exakten reellen Zahl x o y am nächsten liegt, so gilt nach [9] bzw. [3]

$$gl(x \circ y) = (x \circ y)(1 + \delta) \qquad (1.2a)$$

mit

$$|\delta| \leq u \qquad (1.2b)$$

wo

$$u = \frac{b}{2} \cdot b^{-t} \qquad (1.3)$$

die Einheit des relativ gemessenen Rundungsfehlers bedeutet. Wird eine Grösse durch mehrere derartigen Verknüpfungen gewonnen, so ist (1.2) entsprechend wiederholt anzuwenden. Für eine Summe erhält man dann

$$gl(\sum_{i=1}^{n} x_i) = \sum_{i=1}^{n} x_i (1 + \varepsilon_i) \tag{1.4a}$$

mit $$|\varepsilon_i| < 1.01\, i\, u \tag{1.4b}$$

falls die Summanden in der Reihenfolge $x_n, x_{n-1}, \ldots, x_1$ addiert werden. Dabei ist vorausgesetzt, dass

$$n\, u \leq 0.01 \tag{1.5}$$

gilt, was in der Regel zutrifft. Entsprechend erhält man unter dieser Voraussetzung bei einem Skalarprodukt

$$gl(\sum_{i=1}^{n} x_i\, y_i) = \sum_{i=1}^{n} x_i\, y_i (1 + \varepsilon_i) \tag{1.6a}$$

mit $$|\varepsilon_i| < 1.01\, (i + 1) u \tag{1.6b}$$

Von besonderer Bedeutung ist noch die akkumulierte Bildung des Skalarproduktes, die bei verschiedenen Computern verwirklicht ist. Hier sind die x_i und y_i als gewöhnliche Gleitpunktzahlen mit t Stellen in jeder Mantisse gegeben, doch die sich ergebenden Produkte $x_i\, y_i$ werden doppelt genau mit 2t Stellen in der Mantisse geführt und aufsummiert. Die Gesamtsumme wird dann wieder auf t Stellen gerundet und abgespeichert. In diesem Fall erhält man

$$gl_2(\sum_{i=1}^{n} x_i\, y_i) = (1+\varepsilon) \sum_{i=1}^{n} x_i\, y_i \tag{1.7a}$$

mit $$|\varepsilon| \leq u \tag{1.7b}$$

Gegenüber (1.6) bedeutet dies ein wesentlich genaueres Resultat, ohne dass man die gesamte Rechnung doppelt genau durchführen muss.

Die angegebenen Abschätzungen (1.2), (1.4), (1.6) und (1.7) enthalten Schranken für den maximal möglichen Rundungsfehler und sind in diesem Sinne sicher. Doch wird dieser maximale Fehler nur sehr selten auftreten, da dann alle einzelnen Komponenten ihre ungünstigsten Werte annehmen müssen. Im allgemeinen kann man deshalb mit wesentlich geringeren Rundungsfehlern rechnen, als diese Abschätzungen angeben.

2. Rundungsfehler beim Transportproblem

Die Lösung des Transportproblems

$$\text{ermittle} \quad x_{ij} \geq 0 \quad (i=1,..,m; j=1,..,n) \tag{2.1}$$

$$\text{unter} \quad \sum_j x_{ij} = a_i \quad (i=1,..., m) \tag{2.2a}$$

$$\text{und} \quad \sum_i x_{ij} = b_j \quad (j=1,..., n) \tag{2.2b}$$

$$\text{mit} \quad \min z = \sum_i \sum_j c_{ij} x_{ij} \tag{2.3}$$

geschieht gewöhnlich mittels der Steppingstone-Methode und ihrer MODI-Variante. Zur Untersuchung der hier auftretenden Rundungsfehler werden die einzelnen Schritte des Verfahrens betrachtet.

a) Ermittlung einer ersten zulässigen Basislösung. Eine solche erhält man mit Hilfe der Nordwestecken-Regel oder einer Variante derselben. Die zulässige Basislösung ist dann durch die Positionen (i, j) der Basisfelder im Transportschema bestimmt sowie durch die Werte x_{ij}^B der zugehörigen Basisvariablen. Rundungsfehler können hier nur bei der Berechnung der x_{ij}^B auftreten. Diese Werte ergeben sich durch Addition und Subtraktion der a_i und b_j, wobei maximal $m + n - 1$ dieser Grössen verknüpft werden. Mit $q_k \geq 0$ als Stellvertreter für $\pm a_i$ bzw. $\pm b_j$ wird dann nach (1.4)

$$gl(x_{ij}^B) = \sum_{k=1}^{N} q_k (1 + \varepsilon_k) \qquad (2.4a)$$

mit $$|\varepsilon_k| < 1.01\, k\, u \qquad (2.4b)$$

und $$N \leq m + n - 1 \qquad (2.4c)$$

Für den Rundungsfehler folgt hieraus

$$|gl(x_{ij}^B) - x_{ij}^B| = \left|\sum_{k=1}^{N} q_k \varepsilon_k\right| \leq \sum_{k=1}^{N} q_k |\varepsilon_k|$$

$$|gl(x_{ij}^B) - x_{ij}^B| \leq 1.01\, u \sum_{k=1}^{N} k\, q_k \qquad (2.5)$$

Dies ist der maximal mögliche Rundungsfehler und nur in den ungünstigsten Fällen zu erwarten. Für ein bestimmtes x_{ij}^B liegt N zwischen 1 und m + n - 1.

b) Ermittlung der reduzierten Kosten $z_{kl} - c_{kl}$. Bei der Steppingstone-Methode bestimmt man hier zu einer Nichtbasisposition (k, l) den alternierenden Kreis mit den Basispositionen und bildet dann die zugehörige Summe

$$z_{kl} - c_{kl} = c_{ku} - c_{tu} + c_{tw} - + \dots + c_{xl} - c_{kl} \qquad (2.6).$$

In (2.6) gibt es maximal 2 min (m, n) Summanden, da für einen alternierenden Kreis in jeder Zeile bzw. Spalte des Transportschemas höchstens zwei Felder in Frage kommen. Damit wird

$$gl(z_{kl} - c_{kl}) = \sum_{1.}^{M} (\pm c_{ij})(1 + \varepsilon_k) \qquad (2.7a)$$

mit $$|\varepsilon_k| < 1.01\, k\, u \qquad (2.7b)$$

und $$M \leq 2 \min (m, n) \qquad (2.7c)$$

Damit kann analog zu oben der maximale Rundungsfehler abgeschätzt werden durch

$$\left| gl(z_{kl}-c_{kl})-(z_{kl}-c_{kl}) \right| \leq 1.01\, u \sum_{1}^{M} k \left| c_{ij} \right| \qquad (2.8).$$

Wird $z_{kl} - c_{kl}$ mittels der MODI-Variante berechnet, so tritt an die Stelle von (2.6) die Gleichung

$$z_{kl}-c_{kl} = u_k + v_l - c_{kl} \qquad (2.9).$$

Hier liegt der wesentliche Rechenaufwand in der Berechnung der Schattenpreise u_k und v_l, die aus einem System von $m + n - 1$ Gleichungen sukzessive ermittelt werden. Für ein bestimmtes (k, l) entspricht jedoch diese sukzessive Ermittlung von u_k und v_l gerade der Berechnung einer entsprechenden Summe (2.6), weshalb auch in diesem Fall die Grösse des Rundungsfehlers für (2.9) im wesentlichen durch (2.8) bestimmt ist.

c) Prüfung der Optimalität. Hierzu müssen sämtliche $z_{kl} - c_{kl} = 0$ sein. Diese Prüfung verursacht keine neuen Rundungsfehler, jedoch können Rundungsfehler in den $z_{kl} - c_{kl}$ die Entscheidung verfälschen, wenn $z_{kl} - c_{kl}$ zu nahe bei 0 liegt.

d) Ermittlung der auszutauschenden Basisvariablen. Zu einem (k, l) wird ein alternierender Kreis gebildet und längs diesem das Minimum der in Frage kommenden x_{ij}^B gesucht. Rundungsfehler entstehen dabei nicht, doch kann ähnlich wie in c) das Minimum infolge der Rundungsfehler in den x_{ij}^B fehlerhaft bestimmt werden, wenn die x_{ij}^B zu dicht beieinander liegen.

e) Austauschschritt. Es werden die Werte einiger Basisvariablen geändert entsprechend

$$\hat{x}_{ij}^B = x_{ij}^B \pm x_{rs}^B \qquad (2.10).$$

Hierfür gilt zunächst (1.2), jedoch muss man beachten, dass sowohl x_{ij}^B als auch x_{rs}^B nach a) fehlerhaft sein können. Deshalb wird

$$gl(\hat{x}_{ij}^B) = gl(gl(x_{ij}^B) \pm gl(x_{rs}^B)) \qquad (2.11)$$

und die Fehler in x_{ij}^B und x_{rs}^B addieren sich ungünstigstenfalls.

Ergebnis: Beim Transportproblem entstehen Rundungsfehler bei den rechenintensiven Schritten a), b) und e). Sie können aber auf eine unvermeidbare Grösse reduziert werden, indem man die benötigten Grössen unmittelbar aus den Ausgangsdaten ermittelt. Bei den $z_{kl} - c_{kl}$ geschieht dies nach (2.6) oder (2.9) grundsätzlich. Aber auch bei den x_{ij}^B hat man diese Möglichkeit stets aufgrund der gegebenen Basispositionen. Man wird dann davon Gebrauch machen, wenn die Akkumulation der Rundungsfehler nach (2.11) zu gross wird.

Schwierigkeiten können bei den Schritten c) und d) entstehen, wenn der Abstand zweier zu vergleichender Grössen kleiner wird als der Rundungsfehler. Dann kann das Vergleichsergebnis falsch werden. Hierzu vergleiche man [11].

3. Rundungsfehler bei der Simplexmethode.

Im folgenden wird ein lineares Optimierungsproblem in der Normalform

ermittle $\qquad x_j \geq 0 \quad (j=1,\dots,n) \qquad (3.1)$

unter $\qquad \sum_j a_{ij} x_j = b_i \quad (i=1,\dots,m) \qquad (3.2)$

mit $\qquad \max z = \sum_j c_j x_j \qquad (3.3)$

zugrundegelegt. Zu seiner Lösung gibt es verschiedene Varianten der Simplexmethode. Neben der Standardform wird insbesondere für Computer die revidierte Sinplexmethode verwendet. Daneben gibt es noch weitere Formen, etwa die, die das duale Problem mitberücksichtigen. Hinsichtlich Rundungsfehlern gelten überall ähnliche Überlegungen; es werden deshalb hier die Standardform und die revidierte Form betrachtet.

Folgende Bezeichnungen werden dabei verwendet: I_B sei die Menge der Basisindizes, I_N die der Nicht-Basisindizes und die zu I_B gehörige Basisdarstellung von (3.2) habe die Form

$$x_i = d_{io} - \sum_{j \in I_N} d_{ij} \, x_j \quad (i \in I_B) \quad (3.4).$$

Matrizen und Vektoren werden durch unterstrichene Gross- bzw. Kleinbuchstaben dargestellt.

3.1 Simplexmethode in Standardform.

a) Eine erste zulässige Basislösung ist unmittelbar gegeben, da der Algorithmus mit einem System (3.2) startet, das eine Einheitsmatrix $\underline{E}$ in der Koeffizientenmatrix $\underline{A} = (a_{ij})$ bei $b_i \geq 0$ enthält. Damit sind die Werte der ersten Basisvariablen exakt und gleich den b_i.

b) Entsprechend sind die Werte $z_j - c_j$ für die Nichtbasisvariablen zunächst exakt und gleich $- c_j$.

c) Die Prüfung der Optimalität verursacht demzufolge zunächst keine Schwierigkeiten. Ebenso nicht die Ermittlung einer auszutauschenden Nichtbasisvariablen x_s.

d) Um die auszutauschende Basisvariable zu finden, sind die Quotienten d_{io}/d_{is} $(i \in I_B)$ zu bilden. Nach (1.2) gilt

$$gl\left(\frac{d_{io}}{d_{is}}\right) = \frac{d_{io}}{d_{is}} (1 + \delta) \quad (3.5a)$$

mit $$|\delta| \leq u \quad (3.5b).$$

Damit ist u der hier grösstmögliche relative Fehler. Der kleinste dieser Quotienten bestimmt den Index r der auszutauschenden Basisvariablen. Wie in 2. kann die Ermittlung dieses Minimums fehlerhaft werden, wenn die Werte der Quotienten zu dicht beieinander liegen.

e) Beim Austauschschritt gibt es für die Koeffizienten d_{ij} aus (3.4) im wesentlichen die folgenden beiden Arten der Transformation:

$$\hat{d}_{rj} = \frac{d_{rj}}{d_{rs}} \qquad (3.6)$$

und

$$\hat{d}_{ij} = d_{ij} - \frac{d_{is}\, d_{rj}}{d_{rs}} \qquad (3.7)$$

$(i \in I_B, i \neq r, j \in I_N, j \neq s)$. Nach (1.2) gilt dann

$$gl(\hat{d}_{rj}) = \frac{d_{rj}}{d_{rs}}(1+\delta) \qquad (3.8a)$$

mit

$$|\delta| \leq u \qquad (3.8b)$$

und

$$gl(\hat{d}_{ij}) = d_{ij}(1+\delta_1) - \frac{d_{is}\, d_{rj}}{d_{rs}}(1+\delta_3) \qquad (3.9a)$$

mit

$$|\delta_1| \leq u \qquad (3.9b)$$

und

$$|\delta_3| < 3.03\, u \qquad (3.9c).$$

Wird hier die Nichtbasisvariable x_s vorgegeben, so ist r durch den kleinsten der Quotienten nach (3.5a) bestimmt. Somit ist d_{rs} nicht frei wählbar und kann mithin sehr klein ausfallen. Damit kann dann der Rundungsfehler in $\hat{d}_{rj}$ bzw. $\hat{d}_{ij}$ absolut sehr gross werden, denn es gilt

$$|gl(\hat{d}_{rj}) - \hat{d}_{rj}| = \left|\frac{d_{rj}}{d_{rs}}\delta\right| \qquad (3.10)$$

und

$$|gl(\hat{d}_{ij}) - \hat{d}_{ij}| = \left|d_{ij}\,\delta_1 - \frac{d_{is}\, d_{rj}}{d_{rs}}\delta_3\right| \qquad (3.11).$$

Der relative Fehler wird für $\hat{d}_{rj}$ dagegen höchstens gleich u. Bei $\hat{d}_{ij}$ wiederum kann man keine Angabe machen; der relative Fehler kann sowohl in der Grössenordnung u liegen (wenn z.B. $d_{ij} >> d_{is} d_{rj}/\hat{d}_{rs}$ gilt) als auch beliebig gross werden (wenn etwa d_{ij} sehr klein ist und $\delta_1 \neq \delta_3$ gilt). Dabei kann sowohl ein grosser als auch ein kleiner relativer Fehler mit einem grossen oder kleinen absoluten Fehler gekoppelt sein. Man kann somit allgemein keine sichere Vorhersage über die Grösse der bei (3.6) und (3.7) auftretenden Rundungsfehler machen; sie können aber sehr gross werden.

Entsprechendes gilt auch für die Transformation der Koeffizienten d_{io} und $z_j - c_j$, für die (3.6) bzw. (3.7) entsprechend gilt. Damit sind aber bereits in der zweiten Iteration die für den Ablauf der Simplexmethode wesentlichen Grössen mit Rundungsfehlern behaftet, die sehr gross sein können, über die aber allgemein keine sichere Vorhersage möglich ist. Diese Fehler können sich im weiteren Verlauf der Rechnung bei b) und e) stark akkumulieren und die Prüfungen nach c) und d) verfälschen.

Damit liegt bei der Simplexmethode eine völlig andere Situation vor als beim Transportproblem. Während man dort die benötigten Grössen stets unmittelbar aus den Ausgangsdaten erhalten und damit sichere Schranken für den maximal auftretenden Rundungsfehler angeben kann, ist das hier nicht mehr möglich. Vielmehr akkumulieren sich hier im Laufe der Iterationen die Rundungsfehler, ohne dass man sie in Schranken einschliessen kann.

3.2 Revidierte Simplexmethode mit ganzer Inversen

Die revidierte Simplexmethode läuft prinzipiell genauso ab wie die Simplexmethode in Standardform. Während man jedoch bei dieser die Koeffizienten $z_j - c_j$ und d_{ij} ständig mitführt und nach (3.6/7) transformiert, geschieht dies hier mit den Simplexmultiplikatoren π_i und der Inversen der Basismatrix $\underline{B}^{-1} = (\beta_{ik})$. Aus diesen Grössen werden dann die $z_j - c_j$ sowie diejenigen d_{ij} , die man gerade braucht, unmittelbar berechnet. Dabei gilt

$$z_j = \sum_{i \in I_B} \pi_i a_{ij} \tag{3.12}$$

und

$$d_{ij} = \sum_k \beta_{ik} a_{kj} \tag{3.13}$$

In beiden Fällen handelt es sich um ein Skalarprodukt, für dessen Berechnung sich die akkumulierte Produktbildung empfiehlt. Dann folgt aus (1.7)

$$gl_2(z_j) = z_j(1 + \varepsilon) \tag{3.14}$$

bzw.

$$gl_2(d_{ij}) = d_{ij} (1 + \varepsilon) \tag{3.15}$$

mit

$$|\varepsilon| \leq u \tag{3.16}$$,

während ohne Akkumulation der Rundungsfehler um einiges höher liegt. Allerdings wachsen auch hier im Verlauf der Rechnung die Rundungsfehler stärker an. Denn die π_i bzw. β_{ik} werden jeweils transformiert entsprechend der Formeln (3.6) und (3.7), und damit können bei diesen Grössen gegebenenfalls sehr grosse und unkontrollierbare Rundungsfehler entstehen, die sich dann bei (3.12) und (3.13) auswirken. Damit hat man prinzipiell dieselbe Situation wie bei der Simplexmethode in Standardform.

3.3 Revidierte Simplexmethode mit Produktform der Inversen.

Bei dieser Form der Simplexmethode wird die Tatsache verwendet, dass für die Inverse der Basismatrix nach p Iterationsschritten gilt:

$$\underline{B}^{-1} = \underline{E}_p \, \underline{E}_{p-1} \cdots \underline{E}_1 \tag{3.17}$$

Dabei entstehen die Matrizen $\underline{E}_k$ aus der Einheitsmatrix, indem man dort eine Spalte r durch einen Vektor $\eta^{(k)}$ ersetzt, dessen Komponenten im wesentlichen aus Quotienten der Form d_{is}/d_{os} bestehen. Dann gilt für die Simplexmultiplikatoren (als Vektor zusammengefasst)

$$\underline{\Pi}^T = \underline{c}_B^T \, \underline{E}_p \cdots \underline{E}_1 \tag{3.18}$$

und für die Koeffizienten d_{is} (s fest gewählt)

$$\underline{d}_s = \underline{E}_p \cdots \underline{E}_1 \, \underline{a}_s \tag{3.19}$$

(3.19) ist entsprechend auch für $\underline{d}_o$ zuständig. Die Berechnung dieser Grössen geschieht iterativ in p Schritten, wobei man nur die $\eta^{(k)}$ benötigt. Dabei hat man bei (3.18) Produkte von der Form

$$\underline{\gamma}^T \underline{E}_k = (\gamma_1, \ldots, \gamma_{r-1}, \underline{\gamma}^T \underline{\eta}_k, \gamma_{r+1}, \ldots \gamma_m) \tag{3.20}$$

und bei (3.19) den Typ $\underline{E}_k \, \underline{\alpha}$ mit den Komponenten

$$\alpha_i - \eta_i^{(k)} \alpha_r \quad (i \neq r) \tag{3.21a}$$

und

$$\eta_r^{(k)} \alpha_r \tag{3.21b}$$

Die hierbei benötigten Vektoren $\underline{\eta}^{(k)}$ erhält man im Lauf der Simplexiterationen. Für $\underline{\eta}^{(1)}$ gilt

$$\eta_i^{(1)} = \frac{d_{is}}{d_{rs}} \quad (i \neq r) \tag{3.22a}$$

bzw.

$$\eta_r^{(1)} = \frac{1}{d_{rs}} \tag{2.22b}$$

und damit $$gl(\eta_i^{(1)}) = \eta_i^{(1)} (1 + \delta) \qquad (3.23a)$$

mit $$|\delta| \leq u \qquad (3.23b),$$

wobei die d_{is} bzw. d_{rs} die ursprünglich gegebenen Grössen sind. Für den Rundungsfehler gilt deshalb das zu (3.8) gesagte: bei kleinem d_{rs} kann er absolut gross werden, relativ ist er jedoch höchstens gleich u. Für $\underline{\eta}^{(2)}$ gilt (3.22) entsprechend, doch sind die d_{is} und d_{rs} diesmal Grössen, die nach (3.19) bzw. (3.21) ermittelt wurden. Setzt man aber (3.22) in (3.21) ein, so wird

$$\alpha_i - \eta_i^{(1)} \alpha_r = \alpha_i - \frac{d_{is}}{d_{rs}} \alpha_r \qquad (3.24a)$$

und $$\eta_r^{(1)} \alpha_r = \frac{\alpha_r}{d_{rs}} \qquad (3.24b).$$

Diese Formeln besitzen aber genau dieselbe Bauart wie (3.6) und (3.7), und der Rundungsfehler wird hier ebenso unkontrollierbar wie dort. Damit ist in den $\underline{E}_k$ bzw. $\underline{\eta}^{(k)}$ eine möglicherweise sehr starke Akkumulation von Rundungsfehlern zu erwarten, die sich dann auf die Berechnung der π_i bzw. d_{is} nach (3.18) und (3.19) auswirkt. Somit weist auch diese Version der Simplexmethode hinsichtlich der Rundgungsfehler im Prinzip dasselbe Verhalten auf wie die Standardform.

4. Maßnahmen gegen Rundungsfehler.

Obwohl Rundungsfehler bei numerischen Rechnungen nicht ausgeschaltet werden können, hat man doch verschiedentlich die Möglichkeit, durch geeignete Steuerung der Rechnung sie möglichst niedrig zu halten. Ein Beispiel hierfür ist die Pivotsuche beim Gaußschen Algorithmus.

Auch bei der Simplexmethode gibt es Maßnahmen zur Reduktion der Rundungsfehler. Bei der revidierten Methode kann man das Verfahren der Reinversion anwenden. Hier wird nach einer gewissen Anzahl von Iterationen die Inverse der momentanen Basismatrix bzw. die ihr korrespondierende Menge von Vektoren $\underline{\eta}^{(k)}$ neu berechnet, indem man, ausgehend von der Einheitsmatrix, nacheinander die momentanen Basisvariablen in die Basis bringt. Dies gelingt im allgemeinen in weniger Schritten, als bisher Iterationen durchgeführt wurden. Gleichzeitig kann man die Reihenfolge der einzubringenden Variablen so wählen, dass jeweils möglichst grosse Pivotelemente zuständig sind. Damit erhält man gewöhnlich eine weitaus genauere Inverse, als man ursprünglich hatte.

Ein anderes Vorgehen liegt einer Variante der Simplexmethode nach BARTELS, STOER und ZENGER zugrunde [2]. Sie arbeiten mit einer LU-Zerlegung der Basismatrix bzw. einer Permutation derselben:

$$\underline{B} = \underline{L}\underline{U} \tag{4.1}$$

Die für die Simplexmethode wesentlichen Grössen Π_i, d_{io}, d_{is} werden dann jeweils aus ihren Bestimmungsgleichungen

$$\underline{B}^T \underline{\Pi} = \underline{c}_B \tag{4.2}$$,

$$\underline{B}\,\underline{d}_s = \underline{a}_s \tag{4.3}$$

und

$$\underline{B}\,\underline{d}_o = \underline{b} \tag{4.4}$$

mit Hilfe der LU-Zerlegung von $\underline{B}$ unmittelbar berechnet. Dabei kann man durch Pivotsuche die Rundungsfehler niedrig halten. Die LU-Zerlegung für die neue Basismatrix wird dann aus der gegebenen durch geeignete Transformationen gewonnen.

Ein weiterer Vorschlag stammt von MACHOST [7]. Er betrachtet ein lineares Optimierungsproblem, bei dem die reellen Zahlen durch Intervallzahlen ersetzt sind, und löst es mittels intervallanalytischer Methoden. Für jede interessierende Grösse hat man dann ein Intervall, in dem sie sicher liegt. Dieses Verfahren wurde allerdings nur an kleinen Beispielen erprobt (8 Nebenbedingungen, 19 Variablen), während über seine Verwendbarkeit bei grösseren Beispielen nichts bekannt ist. Doch wird vor allem bei grossen Beispielen die Problematik der Rundungsfehler aktuell.

Alle diese Möglichkeiten befriedigen nicht vollständig. Vor allem auch deshalb, weil sie nur eine begrenzte Genauigkeitssteigerung ermöglichen und man über den Grad der Verbesserung im allgemeinen nichts Genaues weiss. Bei der Variante nach BARTELS, STOER und ZENGER hat man zudem ein völlig neues Vorgehen. Es soll deshalb im folgenden untersucht werden, wieweit man die iterative Verbesserung der Lösung eines Gleichungssystems bzw. einer Matrixinversen zur Verringerung von Rundungsfehlern heranziehen kann.

5. Verfahren zur iterativen Verbesserung.

In [8] schlägt SCHULZ ein Iterationsverfahren vor, mittels dem die Inverse einer Matrix $\underline{A}$ auf hohe Genauigkeit berechnet werden kann. Hierzu sei $\underline{X}_o$ eine erste Näherung für $\underline{A}^{-1}$, die

$$\| \underline{E} - \underline{A}\,\underline{X}_o \| < 1 \tag{5.1}$$

erfüllt. Dann liefert die Vorschrift

$$\underline{X}_{n+1} := \underline{X}_n + \underline{X}_n (\underline{E} - \underline{A}\,\underline{X}_n) \tag{5.2}$$

eine Folge von Matrizen $\underline{X}_n$, die quadratisch gegen $\underline{A}^{-1}$ konvergiert. Für den Fehler gilt dabei die Abschätzung

$$\| \underline{X} - \underline{X}_{n+1} \| \leq \frac{\| \underline{E}-\underline{A}\,\underline{X}_o \|}{1 - \| \underline{E} - \underline{A}\,\underline{X}_o \|} \| \underline{X}_{n+1} - \underline{X}_n \| \tag{5.3}.$$

Ersetzt man (5.2) durch

$$\underline{X}_{n+1} := \underline{X}_n + \underline{X}_o(\underline{E} - \underline{A}\,\underline{X}_n) \qquad (5.4),$$

so konvergiert $(\underline{X}_n)$ ebenfalls gegen $\underline{A}^{-1}$, aber nur noch linear.

Entsprechend kann man auch die Lösung $\underline{x}$ eines Gleichungssystems

$$\underline{A}\,\underline{x} = \underline{b} \qquad (5.5)$$

iterativ auf hohe Genauigkeit ermitteln, wenn man ausgehend von einer Näherung $\underline{x}_o$ für $\underline{x}$ in folgender Weise iteriert:

$$\underline{x}_{n+1} := \underline{x}_n + \underline{d}_n \qquad (5.6a)$$

mit

$$\underline{A}\,\underline{d}_n = \underline{r}_n \qquad (5.6b)$$

und

$$\underline{r}_n = \underline{b} - \underline{A}\,\underline{x}_n \qquad (5.6c).$$

Diese Iteration wird gewöhnlich an die Ermittlung von $\underline{x}$ aus (5.5) nach GAUSS oder einem entsprechenden Verfahren angeschlossen, mit dem ermittelten $\underline{x}$ als $\underline{x}_o$. Dann hat man bereits für $\underline{A}$ eine LU-Zerlegung, mittels der eine erneute Auflösung des Gleichungssystems bei (5.6b) keine besondere Mühe mehr macht.

Eine Variante von (5.6) erhält man, wenn man (5.4) von rechts mit $\underline{b}$ durchmultipliziert. Interpretiert man dann $\underline{X}_n\underline{b}$ als n-te Näherung $\underline{x}_n$ (es gilt ja $\underline{X}_n \approx \underline{A}^{-1}$ und $\underline{x} = \underline{A}^{-1}\underline{b}$), so erhält man die Iterationsvorschrift

$$\underline{x}_{n+1} := \underline{x}_n + \underline{X}_o(\underline{b} - \underline{A}\,\underline{x}_n) \qquad (5.7).$$

Dies ist gleichwertig mit (5.6), wobei die Näherung $\underline{X}_o$

für $\underline{A}^{-1}$ die Rolle der LU-Zerlegung von $\underline{A}$ übernimmt. Beide Verfahren konvergieren linear.

Wesentlich bei all diesen Verfahren ist, dass das Residuum

$$\underline{R}_n = \underline{E} - \underline{A}\,\underline{X}_n \tag{5.8}$$

bei (5.2) und (5.4) bzw. $\underline{r}_n$ nach (5.6c) bei (5.6) und (5.7) mit höherer Genauigkeit berechnet wird. Nur dann kann man eine Verbesserung der Ausgangsnäherung erwarten. WILKINSON gibt in [10] eine Fehleranalyse zu (5.6), die dies begründet. Praktische Untersuchungen bestätigen dies [6]. Dabei wurde eine Rechenanlage verwendet, bei der die Mantisse einer Gleitpunktzahl nach (1.1) einer Zahldarstellung durch 12 Dezimalen entspricht. Hier genügte bei einer Matrix mit der Konditionszahl 10^8 noch eine Iteration (sowohl für (5.2) als auch bei (5.6)), um eine auf sämtliche geltenden Ziffern genaue Lösung zu bekommen; bei einer Ausgangsnäherung, die auf etwa die Hälfte der geltenden Ziffern genau war. Dies allerdings nur, wenn das Residuum auf doppelte Genauigkeit berechnet wurde bzw. die dabei benötigten Skalarprodukte akkumuliert gebildet wurden. Andernfalls konvergierten die Verfahren bei einer 3 x 3-Matrix mit der Konditionszahl 524 bereits nicht mehr. Bai Matrizen mit einer Konditionszahl von 10^{10} war die Ausgangsnäherung nur noch auf 3 Dezimalen exakt, jedoch genügten bei (5.2) zwei und bei (5.6) drei Iterationsschritte, um eine auf sämtliche Stellen genaue Lösung zu bekommen.

6. Iterative Verbesserung bei der Simplexmethode.

Angesichts der hervorragenden Konvergenzeigenschaften dieser Iterationsverfahren muss man sich fragen, ob diese Verfahren nicht zur Vermeidung bzw. Verringerung von Rundungsfehlern in der Simplexmethode eingesetzt werden können; zumal man auch bei ihnen Aussagen über den Fehler machen kann bzw. Genauigkeit auf sämtliche Stellen erhält. Dabei kommen vor allem die Verfahren (5.2) bzw. (5.4) und (5.7) in Betracht. Denn gerade die revidierte Simplexmethode ist ja dadurch charakterisiert, dass die Basisinverse $\underline{B}^{-1}$ explizit oder in Produktform zur Verfügung steht. Damit bietet sich folgendes Vorgehen an:

Bei der revidierten Simplexmethode mit ganzer Inversen kann eine gegebene Basisinverse mittels der Iterationen (5.2) oder (5.4) verbessert werden. Im allgemeinen wird dabei die vorliegende Inverse eine gute Ausgangsnäherung sein, die die Konvergenzbedingung (5.1) erfüllt. Nach den Untersuchungen von KUHN [6] kann man erwarten, dass bereits eine Iteration eine hohe Genauigkeitssteigerung bringt. Selbstverständlich wird eine solche iterative Verbesserung nicht nach jedem Iterationsschritt der Simplexmethode durchgeführt, sondern ähnlich wie bei der Reinversion nur von Zeit zu Zeit. Andernfalls würde der Rechenaufwand zu hoch. Damit kann man dann die für die Simplexmethode charakteristische unbestimmte, zum Teil sehr starke Rundungsfehlerakkumulation wieder weitgehend beseitigen. Verwendet man dann anschliessend für die mit der genauen Basisinversen berechneten Grössen noch akkumulierte Skalarproduktbildung, so erhält man hier grösstmögliche Reduktion der Rundungsfehler.

Eine andere Möglichkeit hat man hier auch, indem man mittels (5.7) die Grössen d_{is}, d_{io} oder Π_i unmittelbar verbessert. Ihre vorliegenden Werte kann man als Ausgangsnäherung für dieses Iterationsverfahren verwenden, und die gegebene Basisinverse dient als $\underline{X}_o$. Dies hat z.B. Bedeutung, wenn man die optimale Lösung genauer ermitteln möchte bzw. die für die Optimalität zuständigen $z_j - c_j$ hinsichtlich ihrer Exaktheit überprüfen möchte.

Bei der revidierten Simplexmethode mit Produktform der Inversen kommen (5.2) oder (5.4) nicht in Frage, da die Basisinverse nicht explizit vorliegt. Jedoch ist eine Anwendung von (5.7) möglich. Dabei wird für $\underline{X}_o$ das Produkt der $\underline{E}_k$ nach (3.17) verwendet. Man erhält dann eine Vorwärtsmultiplikation entsprechend (3.19) bzw. (3.21) mit dem doppelt genau berechneten Residuum (z.B. $\underline{r} = \underline{a}_s - \underline{B}\ \underline{d}_s$ mit akkumuliertem Skalarprodukt); die beim Residuum benötigte Basismatrix $\underline{B}$ ist implizit durch die Matirx $\underline{A}$ gegeben, die bei der revidierten Methode sowieso mitgeführt wird. Hat man auf diese Weise ein $\underline{d}_s$ verbessert, so kann man die genaueren Werte gleichzeitig mitverwenden, um den zugehörigen Vektor $\underline{\eta}^{(k)}$ genauer zu bestimmen.

Auch bei der Simplexmethode in Standardform ist eine derartige iterative Verbesserung möglich. Sofern das vollständige Tableau verwendet wird (mit Einheitsmatrix), enthält dieses stets die Basisinverse in den Spalten, in denen zu Beginn des Verfahrens die Einheitsmatrix stand. Man muss dann allerdings noch die Matrix $\underline{A}$ mitführen, falls dies nicht sowieso geschieht, was zusätzlichen Speicherbedarf bedeutet. Dann können wieder die einzelnen Grössen, wie oben geschildert, verbessert werden. Auch wenn die Rechnung anhand des verkürzten Tableaus (ohne Einheitsmatrix) erfolgt, ist ein solches Vorgehen möglich, weil man dann $\underline{B}^{-1}$ implizit durch einige der vorliegenden Koeffizientenspalten und gegebenenfalls noch einigen Spalten der Einheitsmatrix auch zur Verfügung hat.

Zusammenfassend kann man feststellen, dass der Einsatz der in 5. dargestellten iterativen Verfahren in der Simplexmethode in vielfältiger Form möglich ist. Dabei ist wichtig, dass eine solche Nachiteration nur zu bestimmten Zeiten gemacht wird. Im allgemeinen kann man erwarten, dass dabei jeweils ein Iterationsschritt bereits maximale Genauigkeit liefert. Gegebenenfalls kann man Fehlerschranken entsprechend (5.3) mitverwenden. Gegenüber den in 4.zitierten Verfahren zur Verringerung der Rundungsfehler hat dieses Vorgehen den Vorteil, dass man über die Verbesserung der Fehler Aussagen machen kann, während dort nur die Tendenz zur Verbesserung gewährleistet ist. Gegebenenfalls wäre es auch noch denkbar, bei der iterativen Verbesserung Methoden der Intervallrechnung mitzuverwenden, die weitere Möglichkeiten für sichere Fehlerschranken liefern.

Literatur

1. Bartels, R.H.: A Stabilization of the Simplex Method. Numer. Math. 16 (1971), 414-434.

2. Bartels, R.W., J. Stoer, and Ch. Zenger: A Realization of the Simplex Method Based on Triangular Decompositions. In: Wilkinson, J.H. und C. Reinsch (Ed.): Lineare Algebra. Berlin-Heidelberg-New York, Springer 1971.

3. Forsythe, G.E. und C.B. Moler: Computer-Verfahren für lineare algebraische Systeme. München-Wien, Oldenbourg 1971.

4. Garvin, W.W.: Introduction to Linear Programming. New York-Toronto-London. Mc Graw-Hill 1960.

5. Hadley, G.: Linear Programming. Reading-London, Addison-Wesley 1962.

6. Kuhn, K.: Iterative Verbesserung von Lösungen aus direkten Verfahren. Universität Stuttgart 1973.

7. Machost, B.: Numerische Behandlung des Simplexverfahrens mit intervallanalytischen Methoden. Bonn, Berichte der GMDV, Nr. 30, 1970.

8. Schulz, G.: Iterative Berechnung der reziproken Matrix. Z. angew. Math. Mech. 13 (1933), 57-59.

9. Wilkinson, J.H.: Rundungsfehler. Berlin-Heidelberg-New York, Springer 1969.

10. Wilkinson, J.H.: The solution of ill-conditioned linear equations. In: Ralston, A., and H.S. Wilf (Ed.): Mathematical Methods for Digital Computers. Vol. II. New York-London-Sidney, Wiley 1967.

11. Wolfe, P.: Error in the Solution of Linear Programming Problems. In: Rall, L.B. (Ed.): Error in Digital Computation. Vol. 2. New York-London-Sidney, Wiley 1965.

Dr. Werner Junginger
Institut für Informatik
Universität Stuttgart

7 Stuttgart 1

Herdweg 51

ISNM 23 Birkhäuser Verlag, Basel und Stuttgart, 1974

ÜBER EIN KONTROLLPROBLEM IN DER WÄRMELEITUNG.

Werner Krabs und Norbert Weck

1. Einleitung und Problemstellung

Im Zusammenhang mit der Aufheizung von Metallen wird in dem Buch [1] von A.G. Butkovskiy das folgende Problem behandelt (vgl.dazu [1] , Chap.5): Vorgegeben sei eine Metallplatte von einheitlicher Dicke, die in einem Ofen mit örtlich konstanter, nur zeitabhängiger Temperatur von beiden Seiten aufgeheizt werden soll. Nimmt man die Platte als homogen an, dann ist die Temperaturverteilung in ihrem Innern eine Funktion der Zeit und der Koordinate, entlang der die Dicke gemessen wird. Es wird angenommen, daß die Temperaturverteilung im Innern der Platte durch die Wärmeleitungsgleichung beschrieben wird. Die Temperatur des umgebenden Ofens soll so gesteuert werden, daß die Platte von einer gegebenen örtlich konstanten Ausgangstemperatur zu einem Zeitanfang innerhalb einer vorgegebenen Zeit einer erwünschten örtlich konstanten Endtemperatur möglichst nahe kommt.

Führt man dimensionslose Größen ein und berücksichtigt die in dem Problem vorhandene Symmetrie, so gilt für die Temperaturverteilung $y = y(t,x)$ (t=Zeit, x=Querschnittskoordinate) in der Platte die Wärmeleitungsgleichung in der Form

$$y_t(t,x) = y_{xx}(t,x) \text{ für } o < t \leq T, \; -1 < x < +1, \qquad (1.1)$$

wobei $T > o$ die vorgegebene Dauer des Aufheizungsprozesses ist. Weiter wird die Wärmeleitung durch die Oberfläche der Platte beschrieben durch das Newtonsche Gesetz

$$y_x(t,1) = b\,[u(t)-y(t,1)]\ , \qquad (1.2a)$$

$$-\,y_x(t,-1) = b\,[u(t)-y(t,-1)] \text{ für } t \in (o,T]\ . \qquad (1.2b)$$

Dabei ist b eine geeignete positive Konstante und $u = u(t)$ die Temperatur des umgebenden Ofens. Diese wird aus technischen Gründen nach unten und oben als beschränkt angenommen, was im dimensionslosen Fall auf die Forderung

$$-1 \leq u(t) \leq +1 \text{ für } o \leq t \leq T \qquad (1.3)$$

führt, wenn man den Temperatur-Nullpunkt geeignet wählt. Als Ausgangstemperatur der Platte sei $y_o \in [-1,+1)$ vorgegeben, was die Anfangsbedingung

$$y(o,x) = y_o \text{ für } -1 \leq x \leq +1 \qquad (1.4)$$

liefert. Die Ausgangstemperatur y_o soll einer Endtemperatur y_T zur Zeit T möglichst nahegebracht werden, was in der Form

$$\max_{-1 \leq x \leq +1} |y(T,x)-y_T| \overset{!}{=} \text{Minimum}$$

realisiert werde, wobei $y_T \in (-1,+1]$ und $y_T > y_o$ ist. Auf Grund von Theorem 2 in [3], Chap.5 hat die Anfangsrandwertaufgabe (1.1),(1.2a),(1.2b),(1.4) für jede stetige Funktion $u = u(t)$, $t \in [o,T]$, genau eine Lösung $y = y(t,x,u)$ mit $y_t, y_{xx} \in C((o,T] \times (-1,+1))$ und

$$y_x(t,1,u) = \lim_{\substack{x \to 1 \\ x \in (-1,+1)}} y_x(t,x,u),\ y_x(t,-1,u) = \lim_{\substack{x \to -1 \\ x \in (-1,+1)}} y_x(t,x,u)$$

für alle $t \in (o,T]$. Die Lösung $y = y(t,x,u)$ läßt sich

sogar unter Benutzung einer Fundamentallösung der Wärmeleitungsgleichung in Form einer Integraldarstellung explizit angeben[1], welche auch noch gilt, wenn $u = u(t)$ eine stückweise stetige Funktion auf $[o,T]$ ist (vgl.dazu [1],Chap.5). Diese Integraldarstellung wird von Butkovskiy zur Lösung des Kontrollproblems herangezogen. Bei der Lösungsmethode, die im folgenden beschrieben werden soll, wollen wir als Menge der Kontrollfunktionen die Menge

$$X = \{u \in C\,[o,T] : |u(t)| \leq 1\,,\ t \in [o,T]\} \qquad (1.5)$$

zugrundelegen.

Definiert man für jedes $u \in C\,[o,T]$

$$f(u) = \sup_{-1 \leq x \leq +1} |y(T,x,u) - y_T|\,, \qquad (1.6)$$

wobei $y = y(t,x,u)$ die zu u gehörige eindeutige Lösung der Anfangsrandwertaufgabe (1.1),(1.2a+b), (1.4) im obigen Sinne ist, so besteht das Kontrollproblem darin, das Funktional f auf der durch (1.5) definierten Menge X zum Minimum zu machen. Wir setzen

$$\rho(f,X) = \inf_{u \in X} f(u). \qquad (1.7)$$

Da das durch (1.6) definierte Funktional zwar stetig, aber die durch (1.5) definierte Menge X nicht kompakt ist, ist die Existenz eines $\hat{u} \in X$ mit $f(\hat{u}) = \rho(f,X)$ nicht gesichert, so daß nur versucht werden kann, geeignete Näherungslösungen für das Kontrollproblem zu gewinnen.

---

1) vgl.dazu auch Abschnitt 2

Die Stetigkeit von f ergibt sich aus Lemma 2 in [3], Chap.5, wonach für jede Lösung w (im obigen Sinne) der Anfangsrandwertaufgabe

$$w_t - w_{xx} = f \text{ in } B = \{(t,x) : o<t\leq T, -1<x<+1\}, \tag{1.8}$$

$$w(o,x) = \varphi(x), \quad -1\leq x\leq +1, \tag{1.9}$$

$$w(t,1) + \frac{1}{b} w_x(t,1) = \psi(t), \tag{1.10a}$$

$$w(t,-1) - \frac{1}{b} w_x(t,-1) = \psi(t), \quad o<t\leq T, \tag{1.10b}$$

die a priori Abschätzung

$$\sup_{(t,x)\in\bar{B}} |w(t,x)| \leq K(\max_{(t,x)\in\bar{B}} |f(t,x)| + \max_{o\leq t\leq T} |\psi(t)| + \max_{-1\leq x\leq 1}|\varphi(x)|) \tag{1.11}$$

gilt, wobei $f\in C(\bar{B})$, $\varphi\in C[-1,+1]$, $\psi\in C[o,T]$ vorgegebene Funktionen und $K>o$ eine geeignete, von f,φ,ψ unabhängige Konstante sind.

Sind dann $u_1,u_2\in C[o,T]$ zwei vorgegebene Funktionen und $y_1=y(t,x,u_1)$ bzw. $y_2 = y(t,x,u_2)$ die zugehörigen eindeutigen Lösungen der Anfangsrandwertaufgabe (1.1), (1.2a+b),(1.4) für $u = u_1$ bzw. $u = u_2$, so ist y_1-y_2 eine Lösung der Anfangsrandwertaufgabe (1.8), (1.9),(1.10a+b) für $f\equiv o$, $\varphi\equiv o$ und $\psi= u_1-u_2$, so daß aus der a priori Abschätzung (1.11) die Aussage

$$|f(u_1)-f(u_2)|\leq \sup_{-1\leq x\leq +1} |y_1(T,x,u)-y_2(T,x,u)| \leq K\cdot \max_{o\leq t\leq T}|u_1(t)-u_2(t)|$$

und somit die Stetigkeit des Funktionals f auf $C[o,T]$, versehen mit der Maximum-Norm, folgt.

2. Ein Verfahren zur Gewinnung von Näherungslösungen

Ist für ein $u\in C^1[o,T]$ die Funktion $y = y(t,x,u)$ die eindeutige Lösung der Anfangsrandwertaufgabe (1.1),

(1.2a),(1.2b),(1.4), so ist die Funktion

$$z(t,x,u) = y(t,x,u) - u(t) \tag{2.1}$$

die eindeutige Lösung der Anfangsrandwertaufgabe

$$z_t(t,x)-z_{xx}(t,x) = -u'(t) \text{ für } o < t \leq T,\ -1<x<1, \tag{2.2}$$

$$z(t,1) + \frac{1}{b} z_x(t,1) = o, \tag{2.3a}$$

$$z(t,-1)-\frac{1}{b} z_x(t,-1) = o \tag{2.3b}$$

für $o < t \leq T$,

$$z(o,x) = y_o-u(o) \text{ für } -1 \leq x \leq 1. \tag{2.4}$$

Zur Gewinnung von Näherungslösungen für diese Anfangsrandwertaufgabe gehen wir aus von dem Eigenwertproblem

$$v''(x) + \lambda v(x) = o,\ -1<x < 1, \tag{2.5}$$

$$v(1) + \frac{1}{b} v'(1) = o, \tag{2.6a}$$

$$v(-1) - \frac{1}{b} v'(-1) = o.$$

Von dem zugehörigen vollständigen Orthonormalsystem von Eigenfunktionen benötigen wir im folgenden nur die geraden. Diese haben die Form

$$v_k(x) = \alpha_k \cos\mu_k x \tag{2.7}$$

mit

$$\alpha_k^2 = \frac{2\mu_k}{2\mu_k+\sin 2\mu_k},\ k = 1,2,... \tag{2.8}$$

Die zugehörigen Eigenwerte lauten $\lambda_k = \mu_k^2$, wobei die μ_k alle positiven Lösungen der transzendenten Gleichung

$$\cos\mu = \frac{\mu}{b} \sin\mu \tag{2.9}$$

durchlaufen. Für diese gilt weiter

$$\lim_{k\to\infty} [\mu_k-(k-1)\pi] = o$$

und

$$\mu_k > (k-1)\pi,\ k = 1,2,... \tag{2.10}$$

Die Funktion $f \equiv 1$ läßt sich in eine gleichmäßig konvergente Fourierreihe

$$1 = \sum_{k=1}^{\infty} A_k v_k(x) = \sum_{k=1}^{\infty} B_k \cos \mu_k x \tag{2.11}$$

entwickeln mit

$$\begin{aligned} B_k = A_k \alpha_k &= \frac{2 \sin \mu_k}{\mu_k + \sin \mu_k \cos \mu_k} \\ &= \frac{2b \cos \mu_k}{\mu_k^2 + \mu_k \sin \mu_k \cos \mu_k}, \quad k = 1,2,\ldots \end{aligned} \tag{2.12}$$

Eine konvergente Majorante für die Reihe (2.11) ist z.B. gegeben durch

$$|B_1| + \frac{4b}{\pi^2} \sum_{k=1}^{\infty} \frac{1}{k^2} = |B_1| + \frac{2}{3} b.$$

Für jedes $N \geq 2$ gilt weiter wegen (2.12) und (2.10)

$$\begin{aligned} \left| 1 - \sum_{k=1}^{N} A_k v_k(x) \right| &= \left| 1 - \sum_{k=1}^{N} B_k \cos \mu_k x \right| \\ &\leq \frac{4b}{\pi^2} \sum_{k=N}^{\infty} \frac{1}{k^2} \leq \frac{4b}{\pi^2 (N-1)} . \end{aligned} \tag{2.13}$$

Zu vorgegebenem $u \in C^1[o,T]$ und $N \geq 1$ betrachten wir jetzt die Anfangsrandwertaufgabe

$$z_t(t,x) - z_{xx}(t,x) = -u'(t) \sum_{k=1}^{N} A_k v_k(x) \quad \text{für } o < t \leq T, \quad -1 < x < 1, \tag{2.2$_N$}$$

$$\left.\begin{aligned} z(t,1) + \frac{1}{b} z_x(t,1) &= o, \quad &(2.3a)_N \\ z(t,-1) - \frac{1}{b} z_x(t,-1) &= o \quad &(2.3b)_N \end{aligned}\right\} \text{ für } o < t \leq T,$$

$$z(o,x) = (y_o - u(o)) \sum_{k=1}^{N} A_k v_k(x) \quad \text{für } -1 \leq x \leq 1. \tag{2.4$_N$}$$

Diese hat die eindeutige Lösung

$$z_N(t,x,u) = (y_o - u(o)) \sum_{k=1}^{N} A_k v_k(x) e^{-\mu_k^2 t}$$

$$- \sum_{k=1}^{N} \int_0^t u'(\tau) e^{-\mu_k^2 (t-\tau)} d\tau \, A_k v_k(x) \qquad (2.14)_N$$

$$= y_o \sum_{k=1}^{N} B_k \cos \mu_k x \, e^{-\mu_k^2 t} - u(t) \sum_{k=1}^{N} B_k \cos \mu_k x$$

$$+ \sum_{k=1}^{N} \mu_k^2 B_k \cos \mu_k x \int_0^t u(\tau) e^{-\mu_k^2 (t-\tau)} d\tau,$$

wobei die B_k durch (2.12) gegeben sind.

Bemerkung: Es läßt sich zeigen, daß die Folge $\{z_N(\cdot,\cdot,u)\}$ auf B gleichmäßig gegen eine Funktion $z(\cdot,\cdot,u)$ konvergiert, die die eindeutige Lösung der Anfangsrandwertaufgabe (2.2),(2.3a),(2.3b),(2.4) ist. $y(\cdot,\cdot,u) = z(\cdot,\cdot,u) + u$ ist sodann die eindeutige Lösung der Anfangsrandwertaufgabe (1.1),(1.2a),(1.2b),(1.4), und aus der Darstellung für $z(\cdot,\cdot,u)$ nach $(2.14)_N$ für $N \to \infty$ erhält man die in Abschnitt 1 erwähnte Integraldarstellung für $y(\cdot,\cdot,u)$.

Für jedes $N \geq 1$ definieren wir das Funktional

$$f_N(u) = \max_{-1 \leq x \leq 1} | z_N(T,x,u) + u(T) - y_T | \qquad (2.15)_N$$

auf $C^1[o,T]$. Dieses kann nach $(2.14)_N$ auch in der Form

$$f_N(u) = \max_{-1 \leq x \leq 1} | u(T)(1 - \sum_{k=1}^{N} B_k \cos \mu_k x) +$$

$$+ \sum_{k=1}^{N} \mu_k^2 B_k \cos \mu_k x \int_0^T u(t) e^{-\mu_k^2 (T-t)} dt$$

$$- (y_T - y_o \sum_{k=1}^{N} B_k \cos\mu_k x \, e^{-\mu_k^2 T}) |$$

geschrieben werden.

Nun sei P_r die Menge aller Polynome auf $[o,T]$ vom Grade $\leq r (r \geq o)$. Dann definieren wir

$$X_r = X \cap P_r \text{ mit } X \text{ nach } (1.5) \tag{2.16}$$

und betrachten für jedes Paar $N \geq 1, r \geq o$ das Problem, das Funktional f_N auf der Menge X_r zum Minimum zu machen.

Definiert man für jedes $j=o,\dots,r$ Funktionen

$$\psi_j(x) = T^j(1 - \sum_{k=1}^{N} B_k \cos\mu_k x) + \sum_{k=1}^{N} \mu_k^2 B_k \cos\mu_k x \int_0^T t^j e^{-\mu_k^2 (T-t)} dt$$

und eine Funktion

$$g(x) = y_T - y_o \sum_{k=1}^{N} B_k \cos\mu_k x \, e^{-\mu_k^2 T},$$

so lautet für jedes

$$u(t) = \sum_{j=o}^{r} \alpha_j t^j \in P_r$$

das durch $(2.15)_N$ definierte Funktional $f_N(u)$ folgendermaßen

$$f_N(u) = \tilde{f}_N(\alpha_o,\dots,\alpha_r) = \max_{-1 \leq x \leq 1} | \sum_{j=o}^{r} \psi_j(x)\alpha_j - g(x) | .$$

Die Minimierung von f_N auf X_r ist also gleichbedeutend mit dem Problem, die Funktion $g \in C[-1,+1]$ im Sinne der Maximum-Norm möglichst gut durch Linearkombinationen

$\sum_{j=o}^{r} \psi_j \alpha_j$ zu approximieren, und zwar unter den

linearen Nebenbedingungen

$$-1 \leq \sum_{j=o}^{r} t^j \alpha_j \leq +1 \text{ für } t \in [o,T]. \tag{2.17}$$

Das ist ein stets lösbares Approximationsproblem und kann z.B. mit den Methoden der semi-infiniten linearen Optimierung behandelt werden.

Definiert man also für jedes $N \geq 1$ und $r \geq o$

$$\rho(f_N, X_r) = \inf_{u \in X_r} f_N(u), \tag{2.18}$$

so gibt es stets ein $\hat{u}^{N,r} \in X_r$ mit

$$f_N(\hat{u}^{N,r}) = \rho(f_N, X_r). \tag{2.19}$$

3. Konvergenz des Verfahrens

Da es im allgemeinen kein $\hat{u} \in X$ gibt mit $f(\hat{u}) = \rho(f,X)$ (vgl.(1.5),(1.6),(1.7)), ist es nicht sinnvoll zu fragen, ob jede Folge $\{\hat{u}^{N,r}\}$ mit (2.19) oder wenigstens eine Teilfolge davon gegen ein solches $\hat{u}$ konvergiert. Sinnvoll ist jedoch die Aussage

$$\lim_{r \to \infty} \lim_{N \to \infty} \rho(f_N, X_r) = \rho(f,X), \tag{3.1}$$

die sich aus den folgenden Betrachtungen mitergeben wird.

Wir wollen jedoch sogleich eine Aussage der Gestalt

$$\lim_{r \to \infty} \rho(f_{N_r}, X_r) = \rho(f,X) \tag{3.2}$$

ansteuern, bei der die beiden Grenzprozesse von (3.1) miteinander gekoppelt sind.

Zu dem Zweck definieren wir für jedes feste $r \geq 0$

$$\rho(f,X_r) = \inf_{u \in X_r} f(u). \tag{3.3}$$

Wir zeigen zunächst

$$\rho(f,X) = \lim_{r \to \infty} \rho(f,X_r) \tag{3.4}$$

für $\rho(f,X)$ nach (1.7).

Aus $X_r \subseteq X$ für alle r (vgl.(2.16)) folgt offenbar

$$\rho(f,X) \leq \rho(f,X_r) \text{ für alle } r. \tag{3.5}$$

Nun sei $\varepsilon > 0$ beliebig vorgegeben. Dann gibt es ein $u_\varepsilon \in X$ mit

$$f(u_\varepsilon) \leq \rho(f,X) + \frac{\varepsilon}{2}. \tag{3.6}$$

Nach [2] Lemma 3.1 gibt es zu jedem δ ein $r(\delta)$ derart,daß zu jedem $r \geq r(\delta)$ ein $u_r \in X_r$ existiert mit $\| u_\varepsilon - u_r \|_{[0,T]} \leq \delta$, wobei $\| \cdot \|_{[0,T]}$ die Maximum-Norm in $C[0,T]$ bezeichnet.

Ist $y(\cdot,\cdot,u_\varepsilon)$ bzw. $y(\cdot,\cdot,u_r)$ die zu u_ε bzw. u_r gehörige eindeutige Lösung der Anfangsrandwertaufgabe (1.1),(1.2a),(1.2b),(1.4), so ist $y(\cdot,\cdot,u_\varepsilon) - y(\cdot,\cdot,u_r)$ eine Lösung der Anfangsrandwertaufgabe (1.8),(1.9), (1.10a),(1.10b) mit $f \equiv 0$, $\psi = u_\varepsilon - u_r$ und $\varphi \equiv 0$, so daß aus der a priori Abschätzung (1.11) die Abschätzung

$$\sup_{(t,x)\in \bar{B}} |y(t,x,u_\varepsilon) - y(t,x,u_r)| \leq K \max_{0 \leq t \leq T} |u_\varepsilon(t) - u_r(t)|$$

folgt, wobei die Konstante $K > 0$ von u_ε und u_r unabhängig ist. Aus der Definition (1.6) von f ergibt sich somit

$$|f(u_\varepsilon)-f(u_r)| \leq \sup_{-1\leq x\leq 1} |y(T,x,u_\varepsilon)-y(T,x,u_r)|$$
$$\leq K \max_{o\leq t\leq T} |u_\varepsilon(t)-u_r(t)| = K\|u_\varepsilon-u_r\|_{[o,T]} \tag{3.7}$$

für alle r. Damit ist nach (3.6)

$$\rho(f,X_r) \leq f(u_r) \leq |f(u_r)-f(u_\varepsilon)| + \rho(f,X) + \frac{\varepsilon}{2}$$

und weiter nach (3.5),(3.7)

$$o\leq \rho(f,X_r)-\rho(f,X) \leq K\|u_\varepsilon - u_r\|_{[o,T]} + \frac{\varepsilon}{2} \leq \varepsilon$$

für alle $r \geq r(\delta)$ mit $\delta \leq \frac{\varepsilon}{2K}$.

Damit ist (3.4) bewiesen.

Zum Beweis von (3.2) gehen wir aus von der Ungleichung

$$|\rho(f,X)-\rho(f_N,X_r)| \leq |\rho(f,X)-\rho(f,X_r)| + |\rho(f,X_r)-\rho(f_N,X_r)| \tag{3.8}$$

für $N\geq 1$ und $r \geq o$, bei der noch der zweite Term auf der rechten Seite zu untersuchen ist. Für diesen gilt zunächst die Ungleichung

$$|\rho(f,X_r)-\rho(f_N,X_r)| \leq \sup_{u\in X_r} |f(u)-f_N(u)| . \tag{3.9}$$

Auf Grund von (2.1) kann man für das durch (1.6) definierte Funktional f auch schreiben

$$f(u) = \max_{-1\leq x\leq 1} |z(T,x,u)+u(T)-y_o| , \quad u\in C^1[o,T],$$

so daß sich mit $(2.15)_N$ für alle $u \in C^1[o,T]$

$$|f(u)-f_N(u)| \leq \sup_{-1\leq x\leq 1} |z(T,x,u)-z_N(T,x,u)| \tag{3.10}$$

ergibt, wobei $z(\cdot,\cdot,u)$ die zu u gehörige eindeutige Lösung der Anfangsrandwertaufgabe (2.2),(2.3a),(2.3b), (2.4) und $z_N(\cdot,\cdot,u)$ die durch $(2.14)_N$ gegebene eindeutige Lösung der Anfangsrandwertaufgabe $(2.2)_N$, $(2.3a)_N$, $(2.3b)_N$, $(2.4)_N$ ist.

Da $z(\cdot,\cdot,u) - z_N(\cdot,\cdot,u)$ eine Lösung der Anfangsrandwertaufgabe (1.8),(1.9),(1.10a),(1.10b) ist für

$$f(t,x) = -u'(t)\,\Big(1-\sum_{k=1}^{N} A_k v_k(x)\Big) = -u'(t)\,\Big(1-\sum_{k=1}^{N} B_k \cos\mu_k x\Big)$$

und

$$\varphi(x) = (y_o-u(o))\,\Big(1-\sum_{k=1}^{N} A_k v_k(x)\Big) = (y_o-u(o))\,\Big(1-\sum_{k=1}^{N} B_k \cos\mu_k x\Big)$$

mit B_k nach (2.12), folgt aus der Abschätzung (1.11)

$$\sup_{(t,x)\in\bar{B}} |z(t,x,u)-z_N(t,x,u)|$$

$$\leq K(\|u'\|_{[o,T]} + |u(o)| + |y_o|)\max_{-1\leq x\leq 1}\Big|1-\sum_{k=1}^{N} B_k \cos\mu_k x\Big| .$$

Damit ergibt sich aus (3.9),(3.10) und (2.13) die Ungleichung

$$|\rho(f,X_r)-\rho(f_N,X_r)| \leq \frac{4Kb}{\pi^2}\;\frac{1}{N-1}\Big(\sup_{u\in X_r}\|u'\|_{[o,T]} + 1+|y_o|\Big).$$

Auf Grund der Markovschen Ungleichung ist

$$\sup_{u\in X_r}\|u'\|_{[o,T]} \leq \frac{2r^2}{T}$$

und somit

$$|\rho(f,X_r)-\rho(f_N,X_r)| \leq \frac{4Kb}{\pi^2}\;\frac{1}{N-1}\Big(\frac{2r^2}{T} + 1+|y_o|\Big) \leq \frac{1}{r} \qquad (3.11)$$

für

$$N = N_r \geq 1+\frac{4Kb}{\pi^2}\Big(\frac{2r^2}{T} + 1+|y_o|\Big)r. \qquad (3.12)$$

Zu vorgegebenem $\varepsilon > o$ gibt es nun nach (3.4) ein

$r(\varepsilon) \geq \frac{2}{\varepsilon}$ mit

$$|\varphi(f,X)-\varphi(f,X_r)| \leq \frac{\varepsilon}{2} \text{ für } r \geq r(\varepsilon).$$

Wählt man N_r als kleinste natürliche Zahl mit (3.12), so folgt aus (3.11)

$$|\varphi(f,X_r) - \varphi(f_{N_r},X_r)| \leq \frac{\varepsilon}{2} \text{ für } r \geq r(\varepsilon)$$

und insgesamt aus (3.8)

$$|\varphi(f,X)-\varphi(f_{N_r},X_r)| \leq \varepsilon \text{ für } r \geq r(\varepsilon),$$

was den Beweis von (3.2) beendet.

4. Bemerkungen und Ergänzungen

a) Da man die Temperatur im Ofen nicht beliebig schnell ändern kann, wäre es technisch sinnvoll, nicht nur die Temperatur, sondern auch deren zeitliche Ableitung als gleichmäßig beschränkt anzunehmen, d.h. anstelle der durch (1.5) definierten Menge der Kontrollfunktionen die Menge

$$X = \{u \in C^1[o,T] : |u(t)| \leq 1 \text{ und } |u'(t)| \leq \gamma \text{ für } t \in [o,T]\} \quad (4.1)$$

zugrundezulegen, wobei $\gamma > o$ eine geeignete Konstante ist. Als Näherungsproblem erhält man dann für jedes $r \geq o$ und $N \geq 1$ die Aufgabe, das durch $(2.15)_N$ gegebene Funktional f_N unter den Nebenbedingungen (2.17) und

$$-\gamma \leq \sum_{j=o}^{r} j t^{j-1} \alpha_j \leq \gamma \text{ für } t \in [o,T] \quad (4.2)$$

zum Minimum zu machen. Auch hierbei handelt es sich um ein Approximationsproblem mit unendlich vielen linearen Nebenbedingungen, das mit den Methoden der

semi-infiniten Optimierung behandelt werden kann.
Definiert man wieder für jedes $r \geq o$ die Menge X_r durch (2.16) mit X nach (4.1), so ergibt sich ebenfalls die Konvergenzaussage (3.2). Zum Beweis von (3.4) hat man anstelle von Lemma 3.1 in [2] die folgende Aussage heranzuziehen (deren Beweis wir unterdrücken wollen) :
Zu jedem $u \in X$ und jedem $\delta > o$ gibt es ein $r(\delta)$ derart, daß für jedes $r \geq r(\delta)$ ein $u_r \in X_r$ existiert mit

$$\|u-u_r\|_{[o,T]} \leq \delta \text{ und } \|u'-u_r'\|_{[o,T]} \leq \delta,$$

wobei $\|\cdot\|_{[o,T]}$ wiederum die Maximum-Norm in $C\,[o,T]$ bezeichnet.

Für den Index N_r in (3.2) ergibt sich jetzt ohne die Markovsche Ungleichung anstelle von (3.12) die wesentlich günstigere Forderung

$$N_r \geq 1+ \frac{4Kb}{\pi^2}(2+|y_o|)\cdot r. \tag{4.3}$$

b) Die Temperatur im Ofen wird eigentlich nicht direkt, sondern indirekt gesteuert, z.B. durch Änderung der Brennstoffmenge. Ein einfaches mathematisches Modell hierfür ist die gewöhnliche lineare Anfangswertaufgabe

$$u'(t)+\alpha u(t) = v(t),\ t\in[o,T],\ u(o) = o, \tag{4.4}$$

$\alpha > o$ fest. $v(t)$ ist dabei die Menge des zum Zeitpunkt t zugeführten Brennstoffes und muß als eigentliche Kontrollfunktion angesehen werden.

Für jede Funktion $v \in L_2[o,T]$ erhält man die absolut stetige Lösung u von (4.4) in der Form

$$u(t) = \int_0^t e^{-\alpha(t-\tau)} v(\tau)d\tau \ , \ t \in [o,T]. \tag{4.5}$$

Mit dieser Darstellung ergibt sich aus

$$o \leq v(t) \leq \gamma \text{ für fast alle } t \in [o,T]$$

unmittelbar die Aussage

$$\max_{t \in [o,T]} |u(t)| \leq \frac{\gamma}{\alpha},$$

die auf Grund von (4.4)

$$|u'(t)| \leq 2\gamma \text{ für fast alle } t \in [o,T]$$

zur Folge hat. Die technisch sinnvolle gleichmäßige Beschränkung der Brennstoffzufuhr führt also nicht nur zu einer gleichmäßigen Beschränkung der Ofentemperatur, sondern auch ihrer zeitlichen Ableitung.

c) Anstelle einer Folge $\{P_r\}_{r \geq o}$ von Polynomräumen P_r könnte man ebensogut eine andere aufsteigende Folge von endlichdimensionalen Teilräumen von $C^1[o,T]$ verwenden, die in $C[o,T]$, versehen mit der Maximum-Norm, bzw. in $C^1[o,T]$, versehen mit der Norm

$$\| g \| = \max \left\{ \max_{t \in [o,T]} |g(t)|, \max_{t \in [o,T]} |g'(t)| \right\}$$

dicht liegen. Die für den Konvergenzbeweis erforderliche Dichtheitsaussage

$$X = \overline{\bigcup_r X_r}$$

läßt sich auch in diesem Fall beweisen, und an die Stelle der Markovschen Ungleichung tritt eine Ungleichung der Form

$$\|u'\|_{[0,T]} \leq K_r \quad \text{für alle } u \in X_r$$

mit geeigneten Konstanten K_r.

Um den Index N_r in (3.2) nicht zu stark mit r wachsen zu lassen, wird es sinnvoll sein, solche Folgen von Funktionenräumen zu wählen, für die die Konstanten K_r (die in (3.11) an die Stelle von $\frac{2r^2}{T}$ treten) nicht zu stark wachsen.

Literatur

[1] Butkovskiy, A.G.: Distributed Control Systems. Elsevier: New-York-London-Amsterdam, 1969

[2] Esser, H.: Zur Diskretisierung von Extremalproblemen. Springer Lecture Notes in Mathematics, 333, 1973

[3] Friedmann, A.: Partial Differential Equations of Parabolic Type. Prentice-Hall Inc., Englewood Cliffs, N.J. 1964.

Werner Krabs, Norbert Weck

Fachbereich Mathematik der TH Darmstadt
61 Darmstadt, Kantplatz 1

ISNM 23 Birkhäuser Verlag, Basel und Stuttgart, 1974

ON THE TYPE OF A POLYNOMIAL RELATIVE TO A LINE - A SPECIAL CASE

John J. H. Miller

ABSTRACT

In the course of more general investigations we have found a simple result which may be of some interest in its own right. Here we state and prove this result which determines the type, relative to a line, of a polynomial of arbitrary degree with real or complex coefficients, where the coefficients satisfy n further relations. If the highest and lowest coefficients of the polynomial are a_n and a_o respectively, then we show that the type of the polynomial is determined by the value of n modulo 4 and the sign of $\bar{a}_o a_n + (-1)^{n+1} a_o \bar{a}_n$.

Consider the polynomial with real or complex coefficients

$$f(z) = a_o + a_1 z + \ldots + a_n z^n$$

and assume that $a_o \neq 0$ and $a_n \neq 0$. We say that f is of type (p_1, p_2, p_3) relative to a directed line L in the complex plane if, counting multiplicities, it has p_1 zeros to the left of, p_2 zeros on, and p_3 zeros to the right of L. To simplify the notation we shall assume in what follows that L is the imaginary axis.

Many of the classical stability problems for systems are solved if the type of the polynomial $f(z)$ is known, where $f(z)$ is the characteristic polynomial of the system. It is therefore of interest to have a simple algorithm for determining the type of an arbitrary polynomial. Such an algorithm must be algebraic in nature, because the zeros of a polynomial are highly sensitive to small perturbations in its coefficients.

We have now found an algorithm for the general case, the description and details of which we hope to publish elsewhere. The purpose of this paper, however, is to describe a special case where the algorithm becomes trivial, in the sense that the type of the polynomial may be found immediately by inspection. This result may be of some interest in its own right and it is also used in the proof of the general case. We begin with a few simple definitions.

The reflection z^* of a point z in the imaginary axis is defined by

$$z^* = -\bar{z}$$

and that of the polynomial $f(z)$ by

$$f^*(z) = \overline{f(z^*)} \ .$$

It is easy to see that

$$f^*(z) = \bar{a}_o - \bar{a}_1 z + \dots + (-1)^n \bar{a}_n z^n .$$

If the zeros of f are denoted by z_j, then the zeros of f^* are z_j^*. Clearly z_j lies on the imaginary axis iff $z_j^* = z_j$. The common zeros of f and f^* are the zeros z_j lying on the imaginary axis together with the zeros z_j of f for which z_j^* is also a zero of f. If f and f^* have the same zeros and the same set of multiplicities then f is said to be self-inversive. It is easy to see that a polynomial is a common factor of f and f^* only if it is a self-inversive polynomial. The GCD of f and f^* is called the maximal self-inversive factor of f. For convenience we introduce the notation

$$a_{ij} = \bar{a}_i a_j + (-1)^{i+j+1} a_i \bar{a}_j, \qquad o \le i, j \le n.$$

Then it is easy to see that

$$a_{ji} = (-1)^{i+j+1} a_{ij}$$

and

$$\bar{a}_{ij} = a_{ji}$$

so that

$$a_{ii} = 0$$

and

$$a_{ij} = \begin{cases} 2 \operatorname{Re} \bar{a}_i a_j & \text{if } i+j \text{ is odd} \\ 2i \operatorname{Im} \bar{a}_i a_j & \text{if } i+j \text{ is even}. \end{cases}$$

We now state and prove our first theorem, which is a very special case and is an almost trivial result.

THEOREM 1. Consider the polynomial

$$f(z) = a_o + a_n z^n$$

where $a_{on} \neq 0$ and a_o/a_n is real (imaginary) if n is odd (even). Then f has no self-inversive factor. Moreover f is of type

$$\left(\frac{n}{2}, 0, \frac{n}{2}\right) \quad \text{if } n \text{ is even}$$

$$\left(\frac{n+1}{2}, 0, \frac{n-1}{2}\right) \quad \text{if } \begin{cases} n \equiv 1 \pmod 4 & \text{and } a_o/a_n > 0 \\ \text{or} & \\ n \equiv 3 \pmod 4 & \text{and } a_o/a_n < 0 \end{cases}$$

$$\left(\frac{n-1}{2}, 0, \frac{n+1}{2}\right) \quad \text{if } \begin{cases} n \equiv 1 \pmod 4 & \text{and } a_o/a_n < 0 \\ \text{or} & \\ n \equiv 3 \pmod 4 & \text{and } a_o/a_n > 0. \end{cases}$$

PROOF We have

$$f(z) = a_o + a_n z^n , \quad f^*(z) = \bar{a}_o + (-1)^n \bar{a}_n z^n$$

and hence

$$\bar{a}_o f(z) - a_o f^*(z) = a_{on} z^n .$$

Since $a_{on} \neq 0$, it follows that the origin is the only possible common zero of f and f^*. But the origin is not a zero of f. This proves that f has no self-inversive factor and in particular no zeros on the imaginary axis.

Suppose now that n is even. Then clearly α is a zero of f iff $-\alpha$ is also. Since f has no imaginary zeros it follows that f is of type $\left(\frac{n}{2}, 0, \frac{n}{2}\right)$. If, on the other hand, n is odd then a_o/a_n is real and the zeros of f are the n distinct values of $(-a_o/a_n)^{1/n}$, the arguments of which are $(\theta + 2j\pi)/n$ for $j=0, \ldots, n-1$, where $\theta = \arg(-a_o/a_n)$. To find the type we determine the number of these arguments lying in the open interval $(\pi/2, 3\pi/2)$.

Suppose first that $a_o/a_n < 0$, then $\theta = 0$ and we must determine the number of values of j lying in $(n/4, 3n/4)$. Now either $n = 4m+1$ or $n = 4m+3$ for some integer $m \geq 0$. In the former case j can be $m+1, \ldots, 3m$, that is $2m = (n-1)/2$ values; in the latter case $m+1, \ldots, 3m+2$ or $2m+2 = (n+1)/2$ values. Similarly if $a_o/a_n > 0$, then $\theta = \pi$ and we want j to be in $\left((n-2)/4, (3n-4)/4\right)$. If $n = 4m+1$ then j can be $m, \ldots, 3m$

that is $2m+1 = (n+1)/2$ values and if $n = 4m+3$ j can be $m+1, \ldots, 3m+1$ or $2m+1 = (n-1)/2$ values. This concludes the proof.

We now state our second theorem, which is a non-trivial generalization of Theorem 1.

THEOREM 2. Consider the polynomial

$$f(z) = a_o + a_1 z + \ldots + a_n z^n$$

where

$$a_{o1} = \ldots = a_{o,n-1} = 0, \quad a_{on} \neq 0.$$

Then f has no self-inversive factor. Moreover f is of type

$$\left(\frac{n}{2}, 0, \frac{n}{2}\right) \quad \text{if } n \text{ is even}$$

$$\left(\frac{n+1}{2}, 0, \frac{n-1}{2}\right) \quad \text{if } \begin{cases} n \equiv 1 \pmod 4 \text{ and } a_{on} > 0 \\ \text{or} \\ n \equiv 3 \pmod 4 \text{ and } a_{on} < 0 \end{cases}$$

$$\left(\frac{n-1}{2}, 0, \frac{n+1}{2}\right) \quad \text{if } \begin{cases} n \equiv 1 \pmod 4 \text{ and } a_{on} < 0 \\ \text{or} \\ n \equiv 3 \pmod 4 \text{ and } a_{on} > 0 \end{cases} .$$

PROOF. The proof will be established by proving several lemmas under the hypotheses of the theorem. We begin with a lemma which proves the first part of the theorem.

LEMMA 1. f has no self-inversive factor.

PROOF. We note that

$$\bar{a}_o f(z) - a_o f^*(z) = a_{on} z^n.$$

Since $a_{on} \neq 0$, the only possible common zero of f and f^* is the origin. But this is not a zero and the lemma is proved.

We now introduce the polynomial

$$h(z;\lambda) = \bar{a}_o f(z) - \lambda a_o f^*(z)$$

where the parameter λ satisfies $0 \leq \lambda \leq 1$.

LEMMA 2. h is a polynomial of degree n for all λ satisfying $0 \leq \lambda \leq 1$. Moreover h has no self-inversive factor for $0 \leq \lambda < 1$ and has all its zeros at the origin for $\lambda = 1$.

PROOF. The coefficient of z^n is $\bar{a}_o a_n + (-1)^{n+1}\lambda a_o \bar{a}_n$. The only value of λ satisfying $0 \leq \lambda \leq 1$ for which this can possibly vanish is $\lambda = 1$. Then, however, the coefficient is just $a_{on} \neq 0$. This proves the first part of the lemma.

Now let α be a common zero of h and h^* for arbitrary λ satisfying $0 \leq \lambda < 1$. Then

$$\left.\begin{aligned} \bar{a}_o f(\alpha) - \lambda a_o f^*(\alpha) &= 0 \\ -\lambda \bar{a}_o f(\alpha) + a_o f^*(\alpha) &= 0 \end{aligned}\right\} .$$

The determinant of the coefficient matrix of these equations is

$|a_o|^2(1 - \lambda^2) \neq 0$, and so the only solution is the trivial one

$$f(\alpha) = 0, \quad f^*(\alpha) = 0.$$

But this shows that α is a common zero of f and f^*, which is impossible by Lemma 1. Thus h has no self-inversive factor. The result for $\lambda = 1$ is trivial since $h(z; 1) = a_{on} z^n$.

LEMMA 3. $h(z; \lambda)$ is of the same type as f for all λ such that $0 \leq \lambda < 1$.

PROOF. We note that $h(z; 0) = \bar{a}_o f(z)$ and so $h(z; 0)$ and $f(z)$ are of the same type. Furthermore, the zeros of h are continuous functions of λ and so the type of $h(z; \lambda)$ can change as λ varies only if one or more zeros crosses the imaginary axis. But this does not happen for any λ such that $0 \leq \lambda < 1$, by Lemma 2.

Lemma 3 shows that we can find the type of f by determining the type of $h(z; \lambda)$ for $\lambda = 1 - \varepsilon$, where $\varepsilon > 0$ is arbitrarily small, and that for such λ all the zeros of h are near the origin. Since

$$h(z; 1-\varepsilon) = h(z; 1) + \varepsilon\, a_o\, f^*(z)$$

we have

$$h(z; 1-\varepsilon) = \ell(z; \varepsilon) + m(z; \varepsilon)$$

where

$$\ell(z; \varepsilon) = \varepsilon|a_o|^2 + a_{on}\, z^n$$

$$m(z; \varepsilon) = O(\varepsilon z).$$

LEMMA 4. ℓ has no self-inversive factor. Moreover ℓ is of type

$$\left(\frac{n}{2}, 0, \frac{n}{2}\right) \quad \text{if } n \text{ is even}$$

$$\left(\frac{n+1}{2}, 0, \frac{n-1}{2}\right) \text{ if } \begin{cases} n \equiv 1 \pmod 4 \text{ and } a_{on} > 0 \\ \text{or} \\ n \equiv 3 \pmod 4 \text{ and } a_{on} < 0 \end{cases}$$

$$\left(\frac{n-1}{2}, 0, \frac{n+1}{2}\right) \text{ if } \begin{cases} n \equiv 1 \pmod 4 \text{ and } a_{on} < 0 \\ \text{or} \\ n \equiv 3 \pmod 4 \text{ and } a_{on} > 0. \end{cases}$$

PROOF. This is an immediate consequence of Theorem 1, since the coefficients of ℓ fulfill the required hypotheses.

LEMMA 5. $\ell(z; \varepsilon)$ and $h(z; 1-\varepsilon)$ are of the same type for all sufficiently small $\varepsilon > 0$.

PROOF. We note first that all the zeros of ℓ are $O(\varepsilon^{1/n})$. Hence, letting p be any fixed number such that $0 < p < 1/n$, we see that, for all sufficiently small $\varepsilon > 0$, all the zeros of ℓ lie in the interior of the circle $C(0; \varepsilon^p)$ of radius ε^p centred at the origin. Also, by Lemma 4, ℓ has no zeros on the imaginary axis. In order to prove the lemma, therefore, it suffices to show that, for all sufficiently small $\varepsilon > 0$, $\ell(z; \varepsilon)$ and $h(z; 1-\varepsilon)$ have the same number of zeros in the interior of the semicircle formed by the imaginary axis and that part of $C(0; \varepsilon^p)$ lying in the left half plane and the same number in the corresponding semicircle in the right half plane.

Suppose now that z lies on one of these semicircles. Then either $z = \varepsilon^p e^{i\theta}$ or $z = iy$ where $|y| \leq \varepsilon^p$. In both cases therefore $|z| \leq \varepsilon^p$ and hence, for all sufficiently small $\varepsilon > 0$ and some constant C_1, we have

$$|m(z;\ \varepsilon)| \leq C_1\ \varepsilon^{p+1}.$$

Also, if $z = \varepsilon^p e^{i\theta}$ and for all sufficiently small $\varepsilon > 0$, we have

$$|\ell(z;\ \varepsilon)| \geq \varepsilon^{np}(|a_{on}| - |a_o|^2 \varepsilon^{1-np}) \geq \tfrac{1}{2}\ |a_{on}|\ \varepsilon^{np}.$$

Moreover, if $z = iy$ where $|y| \leq \varepsilon^p$, and for all sufficiently small $\varepsilon > 0$, we have

$$|\ell(z;\ \varepsilon)| \geq \operatorname{Re}\ \ell(iy;\ \varepsilon) = \varepsilon|a_o|^2$$

since $\operatorname{Re}\ (i^n\ a_{on}) = 0$. But $np < 1$ and so, for any z lying on the semicircles, we have

$$|\ell(z;\ \varepsilon)| \geq C_2\ \varepsilon$$

for some constant C_2 and all sufficiently small $\varepsilon > 0$. Combining the bounds on ℓ and m we conclude that, for any z on the semicircles, we have

$$\left| \frac{m(z;\ \varepsilon)}{\ell(z;\ \varepsilon)} \right| \leq C\ \varepsilon^p < 1$$

for some constant C and all sufficiently small $\rho > 0$. Applying Rouché's theorem to each semicircle we see therefore that, for all sufficiently small $\varepsilon > 0$, $\ell(z;\ \varepsilon)$ and $h(z;\ 1-\varepsilon) = \ell(z;\ \varepsilon) + m(z;\ \varepsilon)$ have the same number of zeros in the interior of each of the two semicircles. Since h and ℓ are of the same degree this concludes the proof.

To see that the proof of Theorem 2 is now complete we observe that Lemma 3 shows that we can determine the type of $f(z)$ by finding the type of $h(z;\ 1-\varepsilon)$ for arbitrarily small $\varepsilon > 0$. But Lemma 5 establishes that this is equivalent to determining the type of $\ell(z;\ \varepsilon)$, and this is accomplished in Lemma 4.

We now remark that the type of a polynomial f satisfying the hypothesis of Theorem 2 is invariant under a wide class of perturbations. To see this let

$$g(z) = b_o + b_1 z + \ldots + b_n z^n$$

and consider

$$f(z) + g(z) = c_o + c_1 z + \ldots + c_n z^n$$

where for $j = 0, \ldots, n$

$$c_j = a_j + b_j$$

We define

$$c_{ij} = \bar{c}_i c_j + (-1)^{i+j+1} c_i \bar{c}_j.$$

Then an immediate consequence of Theorem 2 is the following.

COROLLARY. Let f be a polynomial satisfying the hypotheses of the theorem and let g be any polynomial such that

$$c_{o1} = \dots = c_{o,n-1} = 0, \quad c_{on} \neq 0$$

and $\text{sign } c_{on} = \text{sign } a_{on}$ if n is odd.

Then the polynomial $k = f + g$ has no self-inversive factor. Moreover k and f are of the same type.

In conclusion we suggest that the hypothesis in Theorem 2, on the vanishing of some of the a_{ij}, may be linked to the vanishing of some of the elements in the determinant sequences, in terms of which the classical results both of Routh and of Hurwitz are usually expressed. We maintain that the vanishing of such determinants indicates that the polynomial is special in some sense, and hence that its type should be easier to determine than that of a general polynomial. In the classical approach, however, the vanishing of such determinants often leads to additional complications in the algorithm, which suggests that the classical algorithms are not optimal.

John J. H. Miller
School of Mathematics
Trinity College, Dublin .

ISNM 23 Birkhäuser Verlag, Basel und Stuttgart, 1974

EIN OPTIMIERUNGSPROBLEM AUS DER KRISTALLOGRAPHIE

Robert Schaback

The determination of unit cells of unknown crystals from X-ray diffraction data is treated as a nonlinear optimization problem. An iterative refinement of estimations of the solution can be obtained by a simple algorithm dividing the problem into a nonlinear optimization problem with integer variables and a convex problem with 6 real variables. The performance of this algorithm is studied and two examples are given.

Innerhalb der Festkörperwissenschaften stellt sich bei der Untersuchung kristalliner Substanzen häufig das Problem, die Zellmetrik bestimmen zu müssen. Ausgangspunkt sind die von den üblichen Pulververfahren (sog. Guinier- und Diffraktometerverfahren) gelieferten Werte $0 < q_1 < \ldots < q_n$, die als euklidische Längen von Vektoren $a_1, \ldots, a_n$ eines unbekannten dreidimensionalen Gitters aufzufassen sind, d.h. bei Vernachlässigung der Meßfehler gelten mit ganzen Zahlen $n_{11}, n_{12}, n_{13}, n_{21}, \ldots, n_{n3}$ die Gleichungen

$$(1) \qquad q_i^2 = \|a_i\|^2 = \sum_{j,k=1}^{3} n_{ij} n_{ik} \langle b_j, b_k \rangle \quad (1 \leq i \leq n),$$

sofern das Gitter durch die Vektoren $b_1, b_2, b_3 \in \mathbb{R}^3$ erzeugt wird. Dabei sind die Größen n_{ij} und die euklidischen Skalarprodukte $\langle b_j, b_k \rangle$ unbekannt; die n_{ij} sind die ganzzahligen Koordinaten von a_i bezüglich der Gitterbasisvektoren b_j.

Faßt man die gegebenen positiven Zahlen $q_1, \dots, q_n$ als Radien konzentrisch um den Nullpunkt liegender Kugeln auf, so ist ein dreidimensionales (im allgemeinen schiefwinkliges) Gitter zu finden, welches den Nullpunkt enthält und auf jeder Kugelschale mindestens einen Gitterpunkt besitzt.

Dadurch werden die bei der Lösung des Problemes zu erwartenden Schwierigkeiten deutlich:

1) Es kann aus Symmetriegründen keine eindeutige Lösung geben.
2) Jede ganzzahlige Teilung der Gitterbasisvektoren einer Lösung liefert weitere Lösungen.
3) Bei hinreichend klein gewählten Basisvektoren existiert eine Vielzahl mit den unvermeidlichen Meßfehlern verträglicher "Lösungen".

Eine für die Praxis sinnvolle Einschränkung der alternativen Lösungen im Sinne von 2) und 3) erhält man durch eine Zusatzforderung der Form

(2) $$|n_{ij}| \leq c \qquad (1 \leq i \leq n,\ 1 \leq j \leq 3),$$

wobei z.B. $c = 9$ gesetzt werden kann, ohne die Anwendbarkeit wesentlich einzugrenzen.

Die Problematik der in der Literatur seit mehr als fünfzig Jahren vorherrschenden direkten Auswertung von (1) durch ganzzahlig-kombinatorische Methoden (seit C. Runge 1917, vgl. [1], [2], [3], [5] u.v.a.) wird deutlich, wenn man (1) auf eine Raumdimension einschränkt. Dann erhält man $q_i^2 = n_i^2 \cdot b^2$ für $i = 1,\ldots,n$ mit $n_i \in \mathbb{Z}$, $b \in \mathbb{R}$, d.h. es muß $q_i/q_j = |n_i/n_j|$ für $i = 1,\ldots,n$ gelten. Da jede der mit Meßfehlern behafteten Größen q_i/q_j im Rahmen der Meßgenauigkeit durch eine Vielzahl von Quotienten $|n_i/n_j|$ gut anzunähern ist und sich dieser Effekt bei dreidimensionalen Gittern potenziert (dort hätte man ganzzahlige verschwindende Linearkombinationen von je 7 der q_i zu finden), erscheinen die ganzzahlig-kombinatorischen Methoden wegen der Nichtberücksichtigung der Meßfehler als ungünstig.

Insofern ist es plausibel, stattdessen die Fehlerquadratsumme

$$(3) \qquad \sum_{i=1}^{n} \left(q_i^2 - \sum_{j,k=1}^{3} n_{ij} n_{ik} \langle b_j, b_k \rangle\right)^2$$

durch geeignete Wahl der $n_{ij} \in \mathbb{Z}$ mit (2) und der $\langle b_j, b_k \rangle$ zu minimieren. Führt man mit dem Transpositionssymbol "T" die Bezeichnungen

$$(4) \qquad \begin{aligned} q &= (q_1,\ldots,q_n)^T \in \mathbb{R}^n, \quad a = (a_1,\ldots,a_6)^T \in \mathbb{R}^6, \\ a_i &= \langle b_i, b_i \rangle \ (i = 1,2,3), \quad a_4 = \langle b_1, b_2 \rangle, \\ a_5 &= \langle b_1, b_3 \rangle, \quad a_6 = \langle b_2, b_3 \rangle \end{aligned}$$

ein, so hat (3) die Form $F(a,N) := \|q - Na\|^2$, wenn ferner N die Matrix mit den n Zeilen $n_{i1}^2, n_{i2}^2, n_{i3}^2, 2n_{i1}n_{i2}, 2n_{i1}n_{i3}, 2n_{i2}n_{i3}) \in \mathbb{R}^6$ für $i = 1,2,\ldots,n$ ist. Wegen der von (4) implizierten Cauchy-Schwarzschen Ungleichungen hat man mit der

Abbildung
$g(a_1,\dots,a_6) := (-a_1,-a_2,-a_3,a_4^2-a_1a_2,a_5^2-a_1a_3,a_6^2-a_2a_3)^T$
die Restriktion

$$(5) \qquad g(a) \leq 0$$

zusätzlich zu fordern.

Das vollständige Optimierungsproblem lautet somit

$$(6) \qquad \begin{aligned} F(a,N) := \|q - Na\|^2 &= \text{Min!} \\ g(a) &\leq 0 \\ |N| &\leq c , \end{aligned}$$

wobei $|N| \leq c$ für (2) steht.

Dies ist wegen der Nichtlinearität der Zielfunktion und der Restriktionen sowie der Gemischt-Ganzzahligkeit der Variablen eine nicht mit den bisher bekannten Standardmethoden lösbare Aufgabe.

Eine Vereinfachung der Problemstellung ergibt sich durch Aufspaltung in je eine ganzzahlige und eine kontinuierliche Optimierungsaufgabe; durch abwechselndes Lösen eines der beiden Teilprobleme ergibt sich dann folgendes Iterationsverfahren zur sukzessiven Minimierung von (3) unter den Nebenbedingungen (2) und (5):

Start: Man wähle einen Vektor $a^0 \in \mathbb{R}^6$ mit $g(a^0) \leq 0$ und setze $i = 0$.

Iterationsschritt:

I) Zu gegebenem $a^i \in \mathbb{R}^6$ mit $g(a^i) \leq 0$ löse man das nichtlineare ganzzahlige Problem

$$(7) \qquad \begin{aligned} F(a^i,N) &= \text{Min!} \\ |N| &\leq c , \quad N \text{ ganzzahlig} \end{aligned}$$

durch eine Matrix N^i .

II) Bei vorgegebener Matrix N^i mit $|N^i| \leq c$ löse man das nichtlineare kontinuierliche Problem

(8) $$F(a,N^i) = \text{Min!}$$
$$g(a) \leq 0$$

durch einen Vektor $a^{i+1} \in \mathbb{R}^6$.

III) Mit $i+1$ anstelle von i wiederhole man den Iterationsschritt.

Für diesen Algorithmus gilt

SATZ 1 a) Hat N^i maximalen Rang, so ist (8) eindeutig lösbar.

b) Das Problem (7) ist lösbar für alle $a^i \in \mathbb{R}^6$. Haben alle Matrizen N^i maximalen Rang (dies ist keine wesentliche Einschränkung für die Praxis), so ist der Algorithmus ausführbar und es gilt

c) $F(a^{j+2},N^{j+1}) = F(a^{j+1},N^{j+1}) = F(a^{j+1},N^j)$ für alle $j \in \mathbb{N}$.

d) Nur für endlich viele j tritt in c) Ungleichheit ein.

e) Erfolgt die Lösung des Problems (7) so, daß für gleiche Eingangsdaten $a^i = a^j$ stets gleiche Lösungen $N^i = N^j$ angegeben werden und bereits optimale Matrizen N^{i-1} zu vorgegebenem a^i unverändert bleiben (d.h. aus $F(a^i,N^i) = F(a^i,N^{i-1})$ folgt $N^i = N^{i-1}$), so kann das Verfahren abgebrochen werden, sobald erstmalig $F(a^i,N^i) = F(a^i,N^{i-1})$ bei der Lösung von (7) oder $F(a^{i+1},N^i) = F(a^i,N^i)$ bei der Lösung von

(8) auftritt. Einer dieser Fälle tritt nach endlich vielen Schritten ein.

<u>BEWEIS:</u> Da die Verbindungsgerade der Punkte $(1,-9,0,0,0,0)$ und $(3,-3,0,0,0,0)$ aus $U_9 := \{a \in \mathbb{R}^6 \mid g(a) \leq 9\}$ nicht in U_9 liegt, ist g weder konvex noch quasikonvex; dennoch läßt sich die Konvexität von $U := \{a \in \mathbb{R}^6 \mid g(a) \leq 0\}$ direkt nachweisen. Wegen der quadratischen Zielfunktion und der Rangvoraussetzung liefern dann Standardschlüsse der konvexen bzw. quadratischen Optimierung die Existenz und Eindeutigkeit einer Lösung von (8). Auf Grund der Definition des Algorithmus und der endlichen Anzahl der Matrizen N mit $|N| \leq c$ sind b), c) und d) trivial. Der Beweis von e) beruht auf der Tatsache, daß jede der beiden Abbruchbedingungen zur Folge hat, daß der nächste Iterationsschritt mit den gleichen Eingangsdaten abläuft wie der vorherige und und somit dieselben Resultate ergibt.

Es ist klar, daß der obige Algorithmus lediglich eine schrittweise Verkleinerung der Fehlerquadratsumme (3), aber nicht notwendig eine (globale) Lösung von (6) liefert. Die Berechnung einer global optimalen Lösung ist von einem solchen Verfahren wegen der oben angedeuteten Problematik nicht zu erwarten; das Endresultat des Algorithmus ist eine Näherung, die allein durch Variation der ganzzahligen oder der kontinuierlichen Parameter nicht zu verbessern ist.

Die Lösung des Teilproblems (7) kann durch unabhängige Minimierung der einzelnen Summanden in (3) bei festem a^i erfolgen. Zweckmäßigerweise zählt man dazu die Tripel $(n_1,n_2,n_3) \in (\mathbb{N} \cup \{0\})^3$ rekursiv auf und berechnet

ebenfalls rekursiv die Werte
$f(n_1,n_2,n_3) = n_1^2a_1+n_2^2a_2+n_3^2a_3+2n_1n_2a_4+2n_1n_3a_5+2n_2n_3a_6$.
Die anderen Vorzeichenkombinationen für (n_1,n_2,n_3) lassen sich durch $f(-n_1,n_2,n_3) = f(n_1,n_2,n_3)-4n_1(n_2a_4+n_3a_5)$, $f(n_1,-n_2,n_3)$ und $f(n_1,n_2,-n_3)$ vollständig erfassen und ebenfalls rekursiv behandeln. Dann hat man lediglich noch festzustellen, welches der q_i durch $f(n_1,n_2,n_3)$ am besten approximiert wird und man kann zu jedem q_i den günstigsten Wert aller während des Verfahrens anfallenden Näherungen $f(n_1,n_2,n_3)$ speichern. Mit einer rechentechnischen Hilfskonstruktion läßt sich das günstigste q_i algorithmisch einfach angeben:

Vor Beginn des gesamten Iterationsverfahrens berechnet man

$$d:= \frac{1}{3} \min_{2\leq i\leq n} (q_i-q_{i-1}),\ M:= [1+(q_n-q_1)/d],\ q_o:= -q_1$$

$$m_i:= \max \{ j \mid 1 \leq j \leq n,\ q_1+(i-1)d > \frac{q_{j-1}+q_j}{2} \}\ (1 \leq i \leq M)$$

Dann hat man zu jedem Wert $f = f(n_1,n_2,n_3)$ lediglich die Zahl $k := \min (M, \max (1,[(f-q_1)/d]+1)$ zu berechnen und q_{m_k} oder q_{m_k+1} ist der durch f bestapproximierte q - Wert. Allerdings liefert dieses Verfahren nur dann eine beste Approximation für jedes q_i und somit eine Lösung von (7), wenn alle q_i bis auf einen Fehler der Größenordnung d durch Terme der Form $f(n_1,n_2,n_3)$ approximierbar sind, was in der Praxis bei großen Werten von d und von c in (3) keine wesentliche Einschränkung bedeutet.

Bei der Lösung des Problems (8) erwies sich die ansonsten für entsprechende Probleme gut bewährte Gradienten-

Projektions-Methode als sehr schwerfällig im Vergleich zu obigem Algorithmus zur Lösung von (7). Um möglichst viel von der speziellen Struktur des Problems auszunutzen, werden im folgenden die lokalen Kuhn-Tucker-Bedingungen (10) für die Lösung von (8) zur Grundlage der numerischen Behandlung gemacht :

Zu der Lösung $a \in R^6$ des Problems

$$(9) \qquad F(a,N) = \|q - Na\|^2 = \text{Min!} \quad (N \text{ fest}) \qquad g(a) \leq 0$$

existiert ein Vektor $l = (l_1,\ldots,l_6)^T$ mit

$$(10) \qquad N^TNa - N^Tq + (\text{grad } g/_a)^T l = 0$$
$$l^T g(a) = 0, \quad l \geq 0, \quad g(a) \leq 0 .$$

Es gilt hier auch die Umkehrung ([4]) :

<u>SATZ 2</u> Ist $(a^T,l^T)^T \in \mathbb{R}^{12}$ eine Lösung von (10), so löst a das Problem (9).

Da die erste Zeile von (10) ein um einen Zusatzterm erweitertes Normalgleichungssystem ist, liegt es nahe, die vom vorherigen Iterationsschritt her bekannte Näherung für a durch eine Variante des Einzelschrittverfahrens iterativ zu verbessern. Ein solcher Algorithmus wird in [4] eingehend beschrieben; im hier vorliegenden Fall hat sich dessen Anwendung als recht günstig erwiesen.

Zur Illustration dienen zwei numerische Beispiele:

1) Verfeinerung der Daten von $Ca\,Al_2Si_2O_8$ mit $n = 50$, $q_1^2 = 0.02340,\ldots,q_{50}^2 = 0.44827$. Als Start-

vektor wurde die mit der ganzzahlig-kombinatorischen Methode von de Wolff ([1],[2]) gewonnene Lösung des Problems gewählt. Die letzten Spalten der Tabelle geben die Fehlerquadratsummen der Lösungen der Probleme (7) und (8) an.

(Tabelle 1 siehe nächste Seite)

2) Rohe Approximation der Daten eines Borats seltener Erden mit $n = 23$, $q_1^2 = 0.00710, \ldots, q_{23}^2 = 0.21484$. Bei den ersten drei Iterationen konnten nur 22 der q_i sinnvoll interpretiert werden; der Wert $q_{15}^2 = 0.13705$ wurde deshalb erst in der vierten Zeile für die Fehlerquadratsummen berücksichtigt. Dies erklärt den Anstieg von 4.17_{-5} auf 4.33_{-5}.

(Tabelle 2 siehe nächste Seite)

Tabelle 1

a^0	1.84661_{-2}	6.06685_{-3}	6.17323_{-3}	-1.09011_{-3}	-8.81874_{-4}	-9.33450_{-3}	3.23_{-5}	2.73_{-5}
a^1	. 632	. 802	. 565	. 061	.89689	. 2835	2.56	.48
a^2	. 639	. 913	. 598	. 8976	.92957	. 2633	.36	.21
a^3	. 649	. 7056	. 664	. 703	.99716	. 2846	.18	.17
a^4	. 645	. 064	. 678	. 710	-9.01083	. 3040	.17	–

Tabelle 2

a^0	1.19705_{-2}	1.19705_{-2}	2.43391_{-2}	0.	1.70697_{-2}	0.	8.07_{-5}	7.06_{-5}
a^1	.18311	. 9288	.42305	4.01776_{-5}	1.69045	1.94116_{-5}	6.11	5.44
a^2	.17233	. 9416	. 2411	2.06364_{-4}	. 9471	1.58925_{-4}	5.26	5.06
a^3	.16123	. 9714	.43158	2.42778	. 9950	2.32089	4.81	4.17
a^4	.14021	1.20101	. 3579	4.57984	1.70869	2.84343	4.33	3.74
a^5	.12700	1.20028	. 3948	6.18899	.71078	4.06680	3.69	3.58
a^6	. 2777	1.19772	.44383	6.39701	.71783	3.71664	3.43	3.34
a^7	. 2883	. 9288	.43607	6.84303	.70564	4.09859	3.34	–

Literatur

[1] de Wolff, P.M.: On the determination of unit-cell dimensions from powder diffraction patterns, Acta Crystallogr. 10, 590-595 (1957).

[2] de Wolff, P.M.: Indexing Powder Diffraction Patterns, in Mueller, W.M. und Marie Fay (ed.): Advances in X-ray Analysis, Vol. 6, p. 1-17, Plenum Press 1962.

[3] Runge, C.: Die Bestimmung eines Kristallsystems durch Röntgenstrahlen, Phys. Zeitschr. 18, 509-517 (1917).

[4] Schaback, R.: Zur Lösung von Optimierungsaufgaben durch Multiplikatorengleichungen (in Vorbereitung).

[5] Visser, J.W.: A Fully Automatic Program for Finding the Unit Cell from Powder Data, J. Appl. Cryst. 2, 89-95 (1969).

Prof. Dr. R. Schaback
Sonderforschungsbereich 72 und
Institut für Angewandte Mathematik,
Abteilung für Funktionalanalysis
und numerische Mathematik der Universität
5300 B o n n
Wegelerstraße 6

Dieser Bericht entstand im Rahmen des von der Deutschen Forschungsgemeinschaft geförderten Projekts "Indizierung von Röntgen-Pulveraufnahmen" an der Universität Münster und des Sonderforschungsbereichs 72 an der Universität Bonn. Die Rechnungen wurden auf den DV-Anlagen IBM 360/50 der Universität Münster und IBM 370/165 der Gesellschaft für Mathematik und Datenverarbeitung in Bonn durchgeführt.

ISNM 23 Birkhäuser Verlag, Basel und Stuttgart, 1974

ÜBER DIE KONVERGENZORDNUNG GEWISSER RANG-2-VERFAHREN ZUR MINIMIERUNG VON FUNKTIONEN

Günther Schuller und Josef Stoer

In this paper the local convergence behaviour of one of Broyden's rank-two-algorithms for the minimization of functions on R^n is investigated. It is shown under rather mild differentiability assumptions that its order of convergence is at least $\sqrt[n]{2}$. Moreover, the order is at least τ with $\tau > 1$ being the root of $\tau^{n+1} - \tau^n - 1 = 0$, if for all i n consecutive increments $x_{i+j} - x_{i+j-1}$, $j=1,2,\ldots,n$, remain sufficiently linearly independent. In view of a result of Dixon, these results carry over to a whole class of rank-two algorithms, in particular to well known algorithm of Davidon-Fletcher-Powell.

1.

Gegeben sei eine 2-mal stetig differenzierbare reelle Funktion $h \in C^2(R^n)$ mit dem Gradienten $g(x) := Dh(x)^T$, gesucht ist

$$\min_{x \in R^n} h(x) \quad ,$$

also ein Punkt $\bar{x} \in R^n$ mit $g(\bar{x}) = 0$. Zur Lösung dieses Problems verwendet man neuerdings Quasi-Newton-Verfahren, in denen ausgehend von einem Startpunkt x_o eine Folge von Punkten x_j nach einer Iteration der Form

(1.1) $$x_{j+1} = x_j - \alpha_j s_j \; , \; s_j := B_j g_j \; , \; g_j = g(x_j)$$

erzeugt wird, wobei B_j eine geeignete Folge positiv definiter Matrizen ist und die Schrittlänge α_j gewöhnlich durch (zumindest näherungsweise) Minimierung von h längs der Suchrichtung $-s_j$ bestimmt wird:

$$h(x_{j+1}) = \min_{\alpha \geq 0} h(x_j - \alpha s_j) \; ,$$

oder präziser:

(1.2) $$\alpha_j = \min\{\alpha \geq 0 \mid g(x_j - \alpha s_j)^T s_j = 0\}, \; g_{j+1}^T s_j = 0 \; .$$

Unter den verschiedenen Quasi-Newton-Verfahren, die sich im Grunde nur durch die Wahl der Matrizen B_j unterscheiden, haben sich in der Praxis besonders das Rang-2-Verfahren von Davidon-Fletcher-Powell und das damit eng verwandte spezielle Rang-2-Verfahren von Broyden (1967) (1970) bewährt. In letzterem Verfahren werden die Matrizen B_j, $j \geq 1$, ausgehend von einer beliebigen positiv definiten Startmatrix B_0, ebenfalls rekursiv zusammen mit den x_j nach den folgenden Formeln bestimmt

(1.3) $$B_{j+1} := B_j + \frac{1}{p_j^T q_j}\left[\left(1 + \frac{q_j^T B_j q_j}{p_j^T q_j}\right) p_j p_j^T - p_j q_j^T B_j - B_j q_j p_j^T\right]$$

$$\text{mit } \; p_j := x_{j+1} - x_j \; , \; q_j := g_{j+1} - g_j \; .$$

Im folgenden wird es bequemer sein, zusätzlich zu den p_j, q_j auch noch die normierten Größen $u_j := p_j/\|p_j\|$, $v_j := q_j/\|p_j\|$, $\|.\|$ die euklidische Norm, einzuführen. Damit schreibt sich das Broyden-Verfahren in der Form:

(1.4) Gegeben $x_o \in R^n$, B_o positiv definit.
Für $j = 0,1,\ldots$

a) $s_j := B_j g_j$

b) $\alpha_j := \min\{\alpha \geq 0 \mid g(x_j - \alpha s_j)^T s_j = 0\}$

c) $p_j := -\alpha_j s_j$; $u_j := p_j/\|p_j\|$

$x_{j+1} := x_j + p_j$;

$q_j := g_{j+1} - g_j$; $v_j := q_j/\|p_j\|$;

$\rho_j := 1/u_j^T v_j$; $\delta_j := \rho_j v_j^T B_j v_j$; $\beta_j := 1 + \delta_j$;

$B_{j+1} := B_j + \rho_j(\beta_j u_j u_j^T - B_j v_j u_j^T - u_j v_j^T B_j)$.

Das Verfahren von Broyden hat die folgenden bekannten Eigenschaften:

(1.5) SATZ: (Broyden (1967)) 1) Falls B_j positiv definit ist, $g_j \neq 0$ und ein α_j nach (1.4)b) existiert, ist $p_j^T q_j \neq 0$ und B_{j+1} positiv definit .

2) Ist $h(x) = \frac{1}{2} x^T A x + b^T x + c$ eine quadratische Funktion mit A positiv definit, also $g(x) = Ax + b$ linear, $x_o \in R^n$ beliebig, B_o beliebig positiv definit, so gilt:

a) Es gibt ein kleinstes m mit $m \leq n$, so daß $g(x_m) = 0$.

b) $w_{ik} := B_k q_i - p_i = 0$ für $0 \leq i < k \leq m$.

c) $\delta_{ik} := q_i^T p_k = p_i^T A p_k \begin{cases} > 0 & \text{für } 0 \leq i = k \leq m-1 \\ = 0 & \text{für } 0 \leq i \neq k \leq m-1 \end{cases}$.

d) Im Falle $m = n$ gilt zusätzlich

$$B_n = A^{-1} \quad .$$

Zusätzlich kann man zeigen (s. Schuller (1972))

e) $B_j = P_j^T A^{-1} P_j + Q_j^T B_o Q_j$ für $1 \leq j \leq m \leq n$
mit den Projektionsmatrizen

$$P_j := V_j U_j^T \, , \; U_j := (\bar{u}_o, \bar{u}_1, \ldots, \bar{u}_{j-1}) \, , \; \bar{u}_i := p_i / \sqrt{p_i^T q_i} \, ,$$

$$V_j := (\bar{v}_o, \bar{v}_1, \ldots, \bar{v}_{j-1}) \, , \; \bar{v}_i := q_i / \sqrt{p_i^T q_i} = A\bar{u}_i \, ,$$

$$Q_j := I - P_j \, .$$

Nach a) bricht das Verfahren also für quadratische Funktionen nach spätestens n Schritten mit der exakten Lösung $x_m = \bar{x}$ ab, b), d) und e) zeigen, daß mit wachsendem j die Matrizen B_j die Matrix A^{-1} in gewissem Sinne approximieren. Diese Eigenschaften legen die Vermutung nahe, daß das Verfahren bei Anwendung auf nichtquadratische Funktionen h zumindest lokal rasch gegen ein Minimum $\bar{x}$ von h konvergiert und sich dort in etwa wie das Newton-Verfahren verhält. Dieses Verhalten wurde in der Praxis tatsächlich beobachtet, was natürlich zu der Beliebtheit der Verfahren nicht unwesentlich beitrug. Umso erstaunlicher ist es, daß theoretische Aussagen über das Konvergenzverhalten des Broyden-Verfahrens bzw. von verwandten Verfahren praktisch erst seit 1971 bekannt wurden. Die wesentlichen Resultate in dieser Richtung stammen alle von Powell. Er konnte u.a. mit sehr trickreichen schwierigen Beweisen folgendes zeigen:

(1.6) <u>SATZ</u>: (Powell 1971, 1972) A) h <u>sei eine</u> 2-<u>mal stetig differenzierbare gleichmäßig konvexe Funktion;</u> d.h. <u>eine Funktion, für die es ein</u> $\lambda > 0$ <u>gibt</u>, <u>so daß der kleinste Eigenwert der Matrix</u> $h''(x)$ <u>für alle</u> $x \in R^n$ <u>größer als</u> λ <u>ist</u>:

$$y^T h''(x)\, y \geq \lambda\, y^T y \quad \text{für alle} \quad x, y \in R^n .$$

Dann gilt:

a) Für beliebiges $x_o \in R^n$ und beliebiges positiv definites B_o gilt

$$\lim_{\nu \to \infty} x_\nu = \bar{x} \ , \quad h(\bar{x}) = \min_{x \in R^n} h(x) \ .$$

b) Die x_j konvergieren superlinear:

$$\lim_{j \to \infty} \frac{\| x_{j+1} - \bar{x} \|}{\| x_j - \bar{x} \|} = 0 \ .$$

c) Es gibt eine Konstante Γ, die nur von x_o, B_o und h abhängt, so daß

$$\| B_j \| \ , \quad \| B_j^{-1} \| \leq \Gamma \quad \text{für alle} \quad j = 0, 1, \ldots, \ .$$

B) Falls $h \in C^2(R^n)$ lediglich konvex ist und $\{x \mid h(x) \leq h(x_o\}$ kompakt ist, gilt

$$\lim_{j \to \infty} h(x_j) = h(\bar{x}) = \min_{x \in R^n} h(x)$$

Powell bewies seine Resultate nur für das Rang-2-Verfahren von Davidon-Fletcher und Powell; wegen eines bemerkenswerten Resultats von Dixon (1971), der zeigte, daß eine ganze Schar von Rang-2-Verfahren, zu denen das Davidon-Fletcher-Powell-Verfahren und das oben angegebene Verfahren von Broyden gehört, identische Folgen $\{x_j\}$ erzeugen, kann man zeigen, daß Satz (1.5) auch für das Verfahren von Broyden (1.4) und weitere Verfahren gilt.

In dieser Arbeit werden die Powellschen Resultate benutzt,

um die Konvergenzgeschwindigkeit (Konvergenzordnung) des Broyden-Verfahrens (1.4) näher zu bestimmen. Es wird gezeigt, daß das Broyden-Verfahren lokal in der Umgebung eines stationären Punktes $\bar{x}$, $g(\bar{x}) = 0$, mit positiv definiter Matrix $h''(\bar{x})$ mindestens mit der Ordnung $\sqrt[n]{2}$ konvergiert. Unter der plausiblen zusätzlichen Annahme, daß je n aufeinander folgende Suchrichtungen $u_i, u_{i+1}, \ldots, u_{i+n-1}$ für genügend großes i "genügend linear unabhängig" sind, konvergiert das Verfahren sogar mit der Ordnung τ, wobei $\tau > 1$ Wurzel von $\tau^{n+1} - \tau^n - 1 = 0$ ist.

2.

Wir wollen das lokale Konvergenzverhalten des Broyden-Verfahrens in der Umgebung $U(\bar{x})$ eines stationären Punktes $\bar{x}$ von h untersuchen und machen dazu folgende Voraussetzungen:

(2.1)

a) Es gibt eine Umgebung $U(\bar{x})$, so daß h auf $U(\bar{x})$ 2-mal differenzierbar ist und $h''(x)$ für $x \in U(\bar{x})$ noch Lipschitzstetig ist.

b) Die Matrix $A := h''(\bar{x})$ ist positiv definit.

Wir wollen diese Annahmen präzisieren und gleichzeitig vereinfachen, indem wir ausnutzen, daß das Broyden-Verfahren gegen Transformationen der Form

$$x \to \tilde{x} = T(x-b), \quad T \text{ eine nichtsinguläre } n*n\text{-Matrix}, \ b \in R^n$$

invariant ist. Setzt man $\tilde{h}(\tilde{x}) := h(T^{-1}\tilde{x} + b)$ und wendet man das Verfahren auf $\tilde{h}$ mit den Startwerten $\tilde{x}_0 := T(x_0 - b)$, $\tilde{B}_0 := TB_0T^T$ an, so erhält man Folgen $\tilde{x}_i$, $\tilde{B}_i$ mit $\tilde{x}_i := T(x_i - b)$, $\tilde{B}_i = TB_iT^T$ für alle $i \geq 0$. Wählt man speziell $b := \bar{x}$, $T := A^{\frac{1}{2}}$, so sieht man, daß für $\tilde{h}''$ gilt

$$\tilde{h}''(0) = I,\ \tilde{h}''(\tilde{x}) = I + r(\tilde{x}),\ \|r(\tilde{x})\| \leq \Lambda\|\tilde{x}\|,$$

wobei im folgenden die euklidische Norm und die ihr zugeordnete Matrixnorm verwendet werden.

Wir können also o.B.d.A. annehmen, daß bereits $\bar{x} = 0$ und $h''(0) = I$ gilt. Damit folgt aus (2.1): Es gibt eine Umgebung $U(0)$, so daß für alle $x \in U(0)$ gilt

$$\text{(2.2)}\quad \begin{aligned} &\text{a)}\ \ g(x) = x + r(x) \ \text{ mit } \ \|r(x)\| \leq \tfrac{1}{2}\Lambda\|x\|^2 \\ &\text{b)}\ \ h''(x) = I + r'(x) \ \text{ mit } \ \|r'(x)\| \leq \Lambda\|x\|. \end{aligned}$$

Wir wollen das Konvergenzverhalten einer nicht nach endlich vielen Schritten abbrechenden Broydenfolge $\{x_i\}$ in der Umgebung von 0 untersuchen und nehmen daher an, daß x_0, B_0 so gewählt sind, daß folgendes gilt

$$\text{(2.3)}\quad \begin{aligned} &\text{a)}\ \ \lim_{j\to\infty} x_j = 0 \\ &\text{b)}\ \ \|B_j\| \leq \Gamma,\ \|B_j^{-1}\| \leq \Gamma \ \text{ für alle } j = 0,1,\ldots \\ &\text{c)}\ \ \|x_j\| > \|x_{j+1}\| > \ldots > 0 \ \text{ für alle hinreichend großen } j. \end{aligned}$$

Nach Satz (1.6) sind die Voraussetzungen erfüllt, falls $\|x_0\|$ hinreichend klein gewählt wird und die Folge $\{x_i\}$ nicht mit einem $x_m = 0$ abbricht. In diesem Fall ist nichts zu zeigen. Um die Darstellung zu vereinfachen, werden im folgenden Konstanten wie Γ, die nur von x_0, B_0

und h abhängen, alle mit dem gleichen Sammelnamen γ bezeichnet, ggf. zur Unterscheidung voneinander mit Indizes versehen $\gamma_1, \gamma_2, \bar{\gamma}_1, \bar{\gamma}_2$, etc. Analog wird das Landau Symbol $O(.)$ verwendet: Die Schreibweise

$$a_i = O(\|x_i\|)$$

bedeutet z.B.: es gibt eine Konstante γ (die nur von x_o, B_o und h abhängt), so daß

$$\|a_i\| \leq \gamma \|x_i\| \qquad \text{für genügend großes } i .$$

Im Einklang mit diesen Vereinbarungen und Voraussetzung (2.3)a) werden z.B. regelmäßig Umformungen wie

$$(1 + O(\|x_i\|))(1 + O(\|x_i\|) = 1 + O(\|x_i\|) \quad ,$$

$$1/(1 + O(\|x_i\|)) = 1 + O(\|x_i\|) \quad \text{etc.}$$

benutzt. Ziel dieses Abschnitts ist der Beweis des folgenden Satzes:

(2.4) <u>SATZ</u>: <u>Unter den Voraussetzungen</u> (2.1) - (2.3) <u>gibt es Zahlen</u> $\bar{\gamma}_1, \bar{\gamma}_2, \ldots, \bar{\gamma}_n$, <u>so daß es für jedes hinreichend große</u> i <u>ein</u> k <u>mit</u> $1 \leq k \leq n$ <u>gibt mit</u>

$$\|x_{i+k}\| \leq \bar{\gamma}_k \|x_i\|^2 \quad .$$

Wegen (2.3)c) folgt sofort

(2.5) <u>KOROLLAR</u>: <u>Unter den Voraussetzungen</u> (2.1) - (2.3) <u>gibt es eine Zahl</u> $\bar{\gamma}$, <u>so daß</u>

$$\|x_{i+n}\| \leq \bar{\gamma} \|x_i\|^2$$

<u>für hinreichend großes</u> i : <u>Das Broyden-Verfahren besitzt mindestens die Konvergenzordnung</u> $\sqrt[n]{2}$.

<u>BEWEIS:</u> Wir wählen ein festes $i \geq 1$, das zunächst einmal so groß ist, daß (s. (2.3),c), (2.2),

$$\|x_i\| > \|x_{i+1}\| > \|x_{i+2}\| > \ldots, \wedge \|x_i\| < 1 .$$

Im weiteren Verlauf des Beweises stellen wir noch (endlich viele) weitere Forderungen des Typs $\gamma\|x_i\| < 1$. Die Beweisidee besteht darin, die Punkte $x_i, x_{i+1}, \ldots$, mit den Punkten $\tilde{x}_i := x_i, \tilde{x}_{i+1}, \tilde{x}_{i+2}, \ldots$, zu vergleichen, die man bei Anwendung des Broyden-Verfahrens mit den Startwerten $\tilde{x}_i := x_i$, $\tilde{B}_i := B_i$ auf die <u>quadratische</u> Funktion $\tilde{h}(x) := \frac{1}{2}x^Tx$ mit dem Gradienten $\tilde{g}(x) = x$ (vgl. 2.2) erhält. Analog bezeichnen $\tilde{p}_j, \tilde{q}_j, \tilde{u}_j$, etc. die Größen, die $p_j, q_j, u_j, \ldots$, entsprechen, die man bei Anwendung von (1.4) auf $\tilde{h}$ erhält, sowie $\Delta x_j := x_j - \tilde{x}_j$, $\Delta B_j := B_j - \tilde{B}_j, \ldots$, $\Delta p_j := p_j - \tilde{p}_j, \ldots$, die Differenzen zugehöriger Größen.

Zentrales Hilfsmittel für den Beweis ist der folgende

(2.6) <u>HILFSSATZ:</u> <u>Es gibt positive Konstanten</u> $\gamma_k^{(x)}$, $\gamma_k^{(B)}$, ε_k, $k = 0,1,\ldots,n$, <u>mit</u> $0 < \varepsilon_k < 1$, <u>die nur von</u> x_o, B_o <u>und</u> h <u>abhängen, so daß für jedes</u> $k = 0,\ldots,n-1$ <u>und jedes genügend große</u> i <u>aus den Ungleichungen</u>

$$\text{(2.7)}\quad \begin{aligned} &a)\quad \|\Delta x_{i+k}\| \leq \gamma_k^{(x)} \|x_i\|^2 ,\\ &b)\quad \|\Delta B_{i+k}\| \leq \gamma_k^{(B)} \|x_i\|^2 / \|x_{i+k-1}\| ,\\ &c)\quad \|x_i\|^2 / \|x_{i+k}\| \leq \varepsilon_k \end{aligned}$$

<u>die Ungleichungen</u>

$$\text{(2.8)}\quad \begin{aligned} &a)\quad \|\Delta x_{i+k+1}\| \leq \gamma_{k+1}^{(x)} \|x_i\|^2 ,\\ &b)\quad \|\Delta B_{i+k+1}\| \leq \gamma_{k+1}^{(B)} \|x_i\|^2 / \|x_{i+k}\| \end{aligned}$$

<u>folgen</u>.

Bevor wir diesen Hilfssatz beweisen, wollen wir mit seiner Hilfe Satz (2.4) beweisen. Für $\|x_i\| \leq \varepsilon_0$ sind wegen $x_i = \tilde{x}_i$, $B_i = \tilde{B}_i$ die Voraussetzungen (2.7) erfüllt. Also gilt auch (2.7) a), b) für $k = 1$. Wir setzen $\bar{\gamma}_1 := 1/\varepsilon_1 + 2\gamma_1^{(x)}$ und können zwei Fälle unterscheiden:

Fall A) $\|\tilde{x}_{i+1}\| \leq (1/\varepsilon_1 + \gamma_1^{(x)}) \|x_i\|^2$,

Fall B) $\|\tilde{x}_{i+1}\| > (1/\varepsilon_1 + \gamma_1^{(x)}) \|x_i\|^2$.

Im Falle A) folgt sofort wegen $\|\Delta x_{i+1}\| \leq \gamma_1^{(x)} \|x_i\|^2$ die Ungleichung

$$\|x_{i+1}\| \leq \|\tilde{x}_{i+1}\| + \|\Delta x_{i+1}\| \leq \bar{\gamma}_1 \|x_i\|^2 \quad .$$

Im Falle B) folgt ebenso

$$\|x_{i+1}\| > \|\tilde{x}_{i+1}\| - \|\Delta x_{i+1}\| \geq \|x_i\|^2 / \varepsilon_1$$

und daher

$$\|x_i\|^2 / \|x_{i+1}\| < \varepsilon_1 \quad .$$

D.h., im Fall B) ist (2.7) auch für $k = 1$ erfüllt, also nach dem Hilfssatz (2.7), a), b) auch für $k = 2$. Wir setzen jetzt $\bar{\gamma}_2 := 1/\varepsilon_2 + 2\gamma_2^{(x)}$ und können wie eben zeigen, daß entweder

$$\|x_{i+2}\| \leq \bar{\gamma}_2 \|x_i\|^2$$

gilt oder andernfalls

$$\|x_i\|^2 / \|x_{i+2}\| < \varepsilon_2$$

usw. Da es nach Satz (1.5) ein $m \leq n$ gibt mit $\tilde{x}_{i+m} = 0$, folgt sofort die Existenz eines ersten $k \leq n$, so daß

$$\|x_{i+k}\| \leq \bar{\gamma}_k \|x_i\|^2 \; , \quad \bar{\gamma}_k := 1/\varepsilon_k + 2\gamma_k^{(x)} \quad .$$

Damit ist Satz (2.4) gezeigt. Δ

<u>BEWEIS von Hilfssatz (2.6):</u> Wir setzen $\gamma_o^{(x)} = \gamma_o^{(B)} = 0$ und nehmen induktiv an, daß (2.7) a), b) für ein $k \geq 0$, $k \leq n-1$ mit gewissen Konstanten $\gamma_k^{(x)}$, $\gamma_k^{(B)}$, die nur von x_o, B_o und h abhängen, erfüllt sei.

Wir zeigen, daß es dann ein genügend kleines ε_k und Konstanten $\gamma_{k+1}^{(x)}$, $\gamma_{k+1}^{(B)}$ mit den im Hilfssatz angegebenen Eigenschaften gibt.

Im folgenden setzen wir zur Abkürzung $j := i + k$.
Wir wählen $\varepsilon_k > 0$ zunächst so klein, daß

$$\varepsilon_k \gamma_k^{(x)} < \frac{1}{2} \quad . \tag{2.9}$$

Es folgt dann nach Voraussetzung (2.7) a), c)

$$\begin{aligned} \|\tilde{x}_j\| &\leq \|x_j\| + \|\Delta x_j\| \leq \|x_j\| \left(1 + \varepsilon_k \gamma_k^{(x)}\right) \leq 2 \|x_j\| \\ \|\tilde{x}_j\| &\geq \|x_j\| - \|\Delta x_j\| \geq \|x_j\| \left(1 - \varepsilon_k \gamma_k^{(x)}\right) \geq \frac{1}{2} \|x_j\| \quad . \end{aligned} \tag{2.10}$$

Wir notieren ferner als Konsequenz von Satz (1.5), e) angewandt auf $\tilde{h}$, daß

$$\tilde{B}_j = P_j + Q_j B_i Q_j$$

für gewisse <u>symmetrische</u> Projektionsmatrizen $P_j = P_j P_j = P_j^T$, $Q_j = I - P_j$, so daß für $j \geq i$

$$\|\tilde{B}_j\| = \lambda_{max}(\tilde{B}_j) \leq \max\{1, \lambda_{max}(B_i)\}$$

$$\lambda_{min}(\tilde{B}_j) \geq \min\{1, \lambda_{min}(B_i)\} \quad .$$

Hier bedeutet λ_{max} bzw. λ_{min} der größte bzw. der kleinste Eigenwert der betreffenden Matrix. Es folgt sofort wegen $\|B_i\|$, $\|B_i^{-1}\| \leq \Gamma$ für alle i (Vor. (2.3)) auch

(2.11) $\|\tilde{B}_j\|$, $\|\tilde{B}_j^{-1}\| \leq \Gamma$ für alle i,j mit $i \leq j$.

Ferner ist wegen $\tilde{g}_j = \tilde{x}_j$, $g_j = x_j + r(x_j)$ und Vor. (2.2)

$$s_j = B_j g_j = (\tilde{B}_j + \Delta B_j)(\tilde{g}_j + \Delta x_j + r(x_j)) = \tilde{s}_j + \Delta s_j$$

mit

$$(2.12) \quad \|\Delta s_j\| \leq \gamma_k^{(x)} \|\tilde{B}_j\| \|x_i\|^2 + \frac{1}{2}\Lambda \|\tilde{B}_j\| \|x_j\|^2 + \\ + \gamma_k^{(B)} \frac{\|x_i\|^2}{\|x_{j-1}\|} (\|x_j\| + \frac{\Lambda}{2} \|x_j\|^2)$$

Wegen (2.3), (2.11) gilt für genügend großes i , nämlich für i mit

$$\Lambda \|x_i\| < 2, \quad \|x_i\| > \|x_{i+1}\| > \cdots$$

die Abschätzung

$$(2.13) \qquad \|\Delta s_j\| \leq \gamma_1 \|x_i\|^2 \quad ,$$

mit einer Konstanten

$$\gamma_1 := \Gamma \gamma_k^{(x)} + \frac{1}{2}\Gamma\Lambda + 2\gamma_k^{(B)} \quad ,$$

die nur von x_0, B_0, h (und k) abhängt.

Weiter ist wegen (2.10) - (2.12)

$$2\Gamma\|x_j\| \geq \|\tilde{s}_j\| = \|\tilde{B}_j \tilde{x}_i\| \geq \frac{1}{2\Gamma} \|x_j\| \quad ,$$

also

$$\|\tilde{s}_j\| = O(\|x_j\|) \quad , \quad 1/\|\tilde{s}_j\| = O(1/\|x_j\|)$$

so daß

(2.14) $$\frac{\|\Delta s_j\|}{\|\tilde{s}_j\|} \leq \gamma_2 \frac{\|x_i\|^2}{\|x_j\|} \quad , \quad \gamma_2 := 2T\gamma_1 \quad .$$

Um $\Delta\alpha_j = \alpha_j - \tilde{\alpha}_j$ abzuschätzen, gehen wir aus von der Beziehung $g_{j+1}^T s_j = 0$, so daß

$$(g_{j+1}-g_j)^T s_j = -\int_0^{\alpha_j} s_j^T h''(x_j - \tau s_j) s_j d\tau = -g_j^T s_j \; .$$

Der Mittelwertsatz liefert die Existenz eines $\tau \in (0, \alpha_j)$ mit

(2.15) $$\alpha_j = g_j^T s_j / s_j^T h''(x_j - \tau s_j) s_j \quad .$$

Nun ist wegen (2.3), (2.14) für genügend großes j

$$s_j^T h''(x_j - \tau s_j) s_j = \|\tilde{s}_j\|^2 \left(\frac{\tilde{s}_j}{\|\tilde{s}_j\|} + \frac{\Delta s_j}{\|\tilde{s}_j\|}\right)(I + O(x_j))\left(\frac{\tilde{s}_j}{\|\tilde{s}_j\|} + \frac{\Delta s_j}{\|\tilde{s}_j\|}\right) =$$

$$= \|\tilde{s}_j\|^2 (1 + \sigma_j)$$

mit

(2.16) $$|\sigma_j| \leq \gamma_k^{(s)} \|x_i\|^2 / \|x_j\|$$

für eine Konstante $\gamma_k^{(s)}$.

Weiter zeigt man auf dieselbe Weise

$$g_j^T s_j = (\tilde{g}_j + \Delta x_j + r(x_j))^T (\tilde{s}_j + \Delta s_j) = \tilde{g}_j^T \tilde{s}_j + O(\|x_i\|^2 \|x_j\|),$$

so daß wegen (vgl. (2.11))

$$\tilde{g}_j^T \tilde{s}_j = \tilde{x}_j^T \tilde{B}_j \tilde{x}_j \geq \|\tilde{x}_j\|^2 / \Gamma$$

folgt

$$g_j^T s_j = \tilde{g}_j \tilde{s}_j (1 + O(\|x_i\|^2 / \|x_j\|)) .$$

Zusammen mit (2.16) erhält man aus (2.15)

$$\alpha_j = \tilde{\alpha}_j (1 + O(\|x_i\|^2 / \|x_j\|)) ,$$

sofern $|\sigma_j|$ genügend klein ist, z.B. $|\sigma_j| < \frac{1}{2}$. Dies ist der Fall, sofern

(2.17) $$\varepsilon_k \gamma_k^{(s)} < \frac{1}{2} .$$

Wegen $0 < \tilde{\alpha}_j = \tilde{x}_j \tilde{B}_j \tilde{x}_j / \tilde{x}_j \tilde{B}_j^2 \tilde{x}_j = O(1)$ und $s_j = O(\|x_j\|)$ folgt jetzt weiter

$$p_j = -\alpha_j s_j = -\tilde{\alpha}_j (1 + O(\|x_i\|^2/\|x_j\|))(\tilde{s}_j + O(\|x_i\|^2))$$

$$= \tilde{p}_j + \Delta p_j$$

mit

$$\|\Delta p_j\| \leq \gamma_3 \|x_i\|^2$$

für eine Konstante γ_3 .

Ferner gilt

(2.18) $$\|p_j\| = \|\tilde{p}_j\| (1 + \pi_j)$$

mit

(2.19) $$|\pi_j| \leq \gamma_k^{(p)} \|x_i\|^2 / \|x_j\| .$$

Wir haben jetzt offensichtlich

$$x_{j+1} = x_j + p_j = \tilde{x}_j + \tilde{p}_j + \Delta x_j + \Delta p_j = \tilde{x}_{j+1} + \Delta x_{j+1}$$

mit

$$\Delta x_{j+1} = \Delta x_j + \Delta p_j = O(\|x_i\|^2) \quad ,$$

so daß es ein $\gamma_{k+1}^{(x)}$ gibt, nämlich $\gamma_{k+1}^{(x)} := \gamma_k^{(x)} + \gamma_3$, mit

$$\|\Delta x_{j+1}\| \leq \gamma_{k+1}^{(x)} \|x_i\|^2 \quad .$$

Damit ist bereits (2.8) a) gezeigt.

Um auch (2.8) b) zu zeigen, setzen wir jetzt schließlich noch voraus, daß ε_k neben (2.9), (2.17) auch die Ungleichung (vgl. (2.18), (2.19))

(2.20) $$\varepsilon_k \gamma_k^{(p)} < \frac{1}{2}$$

erfüllt. Ein solches ε_k, das nur von k, x_o, B_o und h abhängt, läßt sich sofort angeben, z.B.

$$\varepsilon_k = \frac{1}{4} \min(1/\gamma_k^{(x)} \, , \, 1/\gamma_k^{(s)} \, , \, 1/\gamma_k^{(p)}) \; .$$

Es gilt dann wegen $|\pi_j| < \frac{1}{2}$ (2.19) für die Größen u_j, v_j, ρ_j, δ_j, p_j, die in die Formel für B_{j+1} (s.(1.5) c)) eingehen:

$$u_j = \frac{p_j}{\|p_j\|} = \frac{\tilde{p}_j + \Delta p_j}{\|\tilde{p}_j\|(1+\tilde{\pi}_j)} = \tilde{u}_j + \Delta u_j$$

mit $\Delta u_j = O(\|x_i\|^2/\|x_j\|)$, $\tilde{u}_j = \tilde{p}_j/\|\tilde{p}_j\|$, $\|\tilde{u}_j\| = 1$,

$$v_j = u_j + \frac{r(x_{j+1})-r(x_j)}{\|x_{j+1}-x_j\|} = u_j + O(\|x_i\|^2/\|x_j\|) + O(\|x_j\|)$$

$$= \tilde{v}_j + \Delta v_j \quad ,$$

mit $\Delta v_j = O(\|x_i\|^2/\|x_j\|)$, $\tilde{v}_j = \tilde{u}_j$, $\|\tilde{v}_j\| = 1$,

$$u_j^T v_j = u_j^T\left(u_j + \frac{r(x_{j+1})-r(x_j)}{\|x_{j+1}-x_j\|}\right) = 1 + O(\|x_j\|) =$$

$$= \tilde{u}_j^T \tilde{v}_j (1 + O\|x_j\|)$$

wegen $\tilde{u}_j^T \tilde{v}_j = 1$. Also ist

$$\rho_j = \frac{1}{u_j^T v_j} = \tilde{\rho}_j + O(\|x_j\|) \ , \quad \tilde{\rho}_j = 1 \ .$$

Ferner ist nach dem bisher für ρ_j, v_j, B_j Gezeigten

$$\delta_j = \rho_j v_j^T B_j v_j = \tilde{\delta}_j + O(\|x_i\|^2/\|x_j\|)$$

$$|\tilde{\delta}_j| = \tilde{v}_j^T \tilde{B}_j \tilde{v}_j \leq \Gamma \tilde{v}_j^T \tilde{v}_j = \Gamma \ .$$

Ebenso

$$ß_j = 1 + \delta_j = 1 + \tilde{\delta}_j + O(\|x_i\|^2/\|x_j\|) = \tilde{ß}_j + O(\|x_i\|^2/\|x_j\|)$$

$$\tilde{ß}_j = O(1) \ .$$

Es folgt schließlich aus

$$B_{j+1} = B_j + \rho_j[ß_j u_j u_j^T - B_j v_j u_j^T - u_j v_j^T B_j]$$

durch Einsetzen von $B_j = \tilde{B}_j + \Delta B_j$, $u_j = \tilde{u}_j + \Delta u_j$, ... und Verwendung der Abschätzungen für ΔB_j, Δu_j, ..., $\tilde{B}_j$, $\tilde{u}_j$, ... das Ergebnis

$$B_{j+1} = \tilde{B}_{j+1} + \Delta B_{j+1}$$

mit

$$\Delta B_{j+1} = O(\|x_i\|^2/\|x_j\|) \ ,$$

so daß es eine Konstante $\gamma_{k+1}^{(B)}$ gibt mit

$$\|\Delta B_{j+1}\| \leq \gamma_{k+1}^{(B)} \|x_i\|^2/\|x_j\| \ .$$

Damit ist Hilfssatz (2.6) bewiesen.

3.

Aus Satz (2.4) gewinnt man keine Information über das Verhalten der Matrizen B_j . Es stellt sich die Frage, ob die Folge der B_j gegen $h''(\bar{x})^{-1}$ konvergiert. In Satz (1.5) wurde bereits für eine quadratische Funktion h das Verhalten der B_j angegeben, wobei die Größen $w_{ik} := B_k q_i - p_i$, $i < k$, benutzt wurden. Die nachfolgende Untersuchung von w_{ik} im nichtquadratischen Fall liefert unter schwachen, zusätzlichen Bedingungen eine Aussage über das B_j-Verhalten. Sie wird aus der Beziehung

$$B_j V_j - U_j = W_j \tag{3.1}$$

gewonnen werden, wobei wir die $n \times n$ Matrizen

$$\begin{aligned} V_j &:= (v_{j-n}, \ldots, v_{j-1}) \ , \\ U_j &:= (u_{j-n}, \ldots, u_{j-1}) \ , \\ W_j &:= (w_{j-n,j}, \ldots, w_{j-1,j}), \end{aligned} \tag{3.2}$$

im folgenden benutzen. Als Ergebnis dieses Abschnitts werden wir zeigen, daß das Verfahren (1.4) dieselbe Konvergenzordnung besitzt wie ein (n+1)-Punkt Sekantenverfahren, sofern die gleichen Voraussetzungen erfüllt sind (s.

Ortega, Rheinboldt (1970)) . Wir zeigen zunächst eine Abschätzung für die Größen w_{ik} :

(3.3) LEMMA: Unter den Voraussetzungen (2.1) - (2.3) liefert das Verfahren (1.4) Folgen $\{u_j\}$, $\{v_j\}$, $\{B_j\}$, so daß für alle hinreichend große i

$$w_{i,i+1} = 0 \quad ,$$

$$\| w_{ik} + u_k \rho_k \varphi_{k-1} \zeta_{i,k-1} \| = O(\|x_i\|), \quad i+2 \leq k \leq i+n \quad ,$$

wobei $\varphi_k := - \|s_{k+1}\| / \|p_k\|$.

Zum Beweis von Lemma (3.3) benötigen wir die Abschätzung einiger Hilfsgrößen.

(3.4) LEMMA: Die Suchrichtungen s_j von Verfahren (1.4) genügen folgender Rekursionsformel

$$s_{j+1} = \|p_j\| \{B_j v_j - u_j \delta_j\} = \|p_j\| F_j B_j v_j \quad ,$$

$$F_j := I - \rho_j u_j v_j^T \quad . \qquad \Delta$$

Der Beweis für (3.4) folgt sofort aus (1.4) unter Benutzung der B_j-Rekursion. F_j ist eine Projektion mit $F_j u_j = 0$. $\|F_j\|$ ist beschränkt, denn $\|u_j\| = 1$, und wegen (2.2) und (2.3) sind $\|v_j\| \leq \gamma$ und $\rho_j \leq \gamma$ für hinreichend großes j .

Aus (2.2) folgt sofort

(3.5) $\| \Delta r_j \| = O(\|x_j\|)$ mit $\Delta r_j := (r(x_{j+1}) - r(x_j))/\|p_j\|$

und

$$(3.6) \qquad \tau_{ik} = O(\|x_i\|) , \quad i+n \geq k \geq i+1 ,$$

$$\text{mit } \tau_{ik} := \zeta_{ki} - \zeta_{ik} = v_k^T u_i - v_i^T u_k .$$

Die Abschätzung für (3.6) ergibt sich aus (2.1) a) und der Symmetrie von h" .

BEWEIS von Lemma (3.3) :

Unter Benutzung der B_j-Rekursion finden wir sofort

$$w_{i,i+1} = B_{i+1} v_i - u_i = 0 \quad \text{für alle } i .$$

Ebenso erhalten wir

$$w_{i,k+1} = w_{ik} + \rho_k(\beta_k u_k - B_k v_k)\zeta_{ik} - \rho_k u_k (v_k^T w_{ik}) - \rho_k u_k \,{}_{ki} .$$

Diese Rekursion läßt sich unter Benutzung von Lemma (3.4)

$$(3.7) \qquad \varphi_j u_{j+1} = +B_j v_j - u_j \delta_j \quad \text{für alle } j ,$$

umformulieren zu

$$w_{i,k+1} = F_k w_{ik} - \rho_k u_k \tau_{ik} - \rho_k u_{k+1} \varphi_k \zeta_{ik} , \quad k \geq i+1 .$$

Die w_{ik}-Rekursion liefert über endlich viele Schritte ausgeführt die Darstellung

$$(3.8) \quad w_{ik} + \rho_{k-1} u_k \varphi_{k-1} \zeta_{i,k-1} = - \sum_{l=i+1}^{k-1} \rho_l \tau_{il} \prod_{m=l+1}^{k-1} F_m u_l , \quad k \geq i+2 .$$

Entscheidend ist, daß alle Zwischenglieder $\rho_l u_{l+1} \varphi_l \zeta_{il}$ bei der Rekursion herausfallen.

Eine Abschätzung der rechten Seite von (3.8) unter Benutzung von (3.6) und (2.3) c) ergibt das Lemma (3.3).

Die Größe φ_k beschreibt unter den Voraussetzungen (2.3) b) das Verhalten von $\|x_{k+1}\| / \|x_k\|$. Man kann zeigen, daß wegen (2.3) b) und (2.2) a) für hinreichend grosses j positive Konstanten γ_1, γ_2 existieren, so daß

(3.9) $$\gamma_1 \|x_{j+1}\| / \|x_j\| \leq |\varphi_j| \leq \gamma_2 \|x_{j+1}\| / \|x_j\| \quad .$$

Aus (3.7) erhalten wir für $|\varphi_j|$ die Darstellung

(3.10) $$|\varphi_j| = \|F_j \; B_j \; v_j\| \quad .$$

Wir wollen nun $F_j B_j v_j$ nach oben abschätzen und erhalten so wegen (3.9) eine Abschätzung der Konvergenzordnung nach unten.

Aus (2.2) a) folgt

(3.11) $$V_j = U_j + \Delta R_j \quad , \quad \Delta R_j := (\Delta r_{j-n}, \ldots, \Delta r_{j-1})$$

und aus (3.1) und (3.11)

(3.12) $$(B_j - I) \; U_j = W_j - B_j \Delta R_j \quad .$$

Unter der für das folgende entscheidenden Voraussetzung

(3.13) $$\exists \gamma : \|U_j^{-1}\| \leq \gamma \quad \text{für hinreichend großes } j$$

läßt sich aus (3.12) eine Abschätzung für

$$B_j - I \quad \text{und} \quad F_j B_j v_j$$

gewinnen. (3.13) entspricht der Forderung der gleichmäßigen

linearen Unabhängigkeit der Suchrichtungen, die beim Beweis der Konvergenzordnung des (n+1)-Punkt-Sekantenverfahrens gemacht wird (s. z.B. Ortega, Rheinboldt (1970)).

(3.14) <u>SATZ</u>: <u>Unter den Voraussetzungen</u> (2.1) - (2.3) <u>und</u> (3.13) <u>folgt für das Verfahren (1.4)</u>

$$|\varphi_j| = O(\|x_{j-n}\|) \quad ,$$

d.h.

$$\exists \gamma : \|x_{j+1}\| \leq \gamma \|x_j\| \|x_{j-n}\| \text{ für hinreichend großes } j.$$

<u>BEWEIS</u>: Aus (3.11) - (3.13) ergibt sich

$$F_j B_j v_j = F_j \Delta r_j + F_j W_j U_j^{-1} v_j - F_j B_j \Delta R_j U_j^{-1} v_j \quad ,$$

da $F_j u_j = 0$. Aus Lemma (3.3) und $F_j u_j = 0$ und der Beschränktheit von $\|F_j\|$ folgt für $j \geq i$

$$\|F_j w_{ij}\| = O(\|x_i\|) \quad ,$$

da die Terme $u_j \rho_{j-1} \varphi_{j-1} \zeta_{i,j-1}$ durch F_j herausprojeziert werden. Hieraus folgt unter Benutzung von (2.3) c)

$$\|F_j B_j v_j\| = \sum_{l=j-n}^{j} (O(\|\Delta r_l\|) + O(\|x_l\|)) = O(\|x_{j-n}\|) \ .$$

(3.10) liefert

$$|\varphi_j| = O(\|x_{j-n}\|)$$

und (3.9)

$$\exists \gamma : \|x_{j+1}\| \leq \gamma \|x_j\| \|x_{j-n}\| \text{ für hinreichend großes } j \ . \quad \Delta$$

Bekanntlich folgt aus der Abschätzung für $\|x_j\|$ nach Satz (3.14), daß $\|x_j\|$ mindestens mit einer Konvergenzordnung $\tau > 1$ konvergiert, wobei τ Wurzel von $\tau^{n+1} - \tau^n - 1 = 0$ ist.

Das Ergebnis von Satz (3.14) erlaubt auch noch folgende Abschätzung für $B_j - I$ zu geben.

(3.15) <u>KOROLLAR</u>: <u>Unter den Voraussetzungen von Satz (3.14) gilt</u>

$$\|B_j - I\| = O(\|x_{j-n-1}\|) \quad .$$

<u>BEWEIS</u>: Da nach Satz (3.14) eine Abschätzung für $|\varphi_j|$ bekannt ist, folgt aus Lemma (3.3), den Abschätzungen

$$|\zeta_{ik}| \leq \|u_k\| \, \|v_i\| \leq \gamma \, , \quad \rho_j \leq \gamma \, , \quad \|u_j\| = 1$$

und aus (2.3) c)

$$\|w_{ik}\| = O(\|x_i\|) + O(\|x_{k-n-1}\|) \quad .$$

Aus (3.13) und (3.12) folgt

$$\|B_j - I\| = O(\|x_{j-n-1}\|) \quad . \qquad \Delta$$

Die Voraussetzung (3.13) garantiert die Konvergenz der B_j und die verbesserte Abschätzung der Mindestkonvergenzordnung gegenüber der Abschätzung von Satz (2.4).

Aufgrund des Ergebnisses von Dixon (1972) übertragen sich die Resultate der Sätze (2.4) und (3.14) im wesentlichen auf alle Quasi-Newton-Verfahren aus der von Broyden (1967) angegebenen Klasse, die eine Folge positiv definiter B_j-Matrizen erzeugen.

Literatur

[1] Broyden, C.G. (1967): Quasi-Newton methods and their application to function minimization. Math. Comp. 21, 368-381.

[2] Broyden, C.G. (1970): The convergence of a class of double-rank minimization algorithms. Part I : J. Math. Applics 6, 76, Part II: ibid. 6, 222.

[3] Dixon, L.C.W. (1972): Quasi-Newton algorithms generate identical points. Math. Progr. 2, 383-387.

[4] Powell, M.J.D. (1971): On the convergence of the variable metric algorithm. J. Inst. Math. Applics 7, 21-36.

[5] Powell, M.J.D. (1972): Some properties of the variable metric algorithm. In Lootsma, F.A. (ed.): Numerical Methods for non-linear optimization. London, Academic Press 1972.

[6] Ortega, J.M. und W.C. Rheinboldt (1970): Iterative solution of nonlinear equations in several variables. New York and London, Academic Press 1970.

[7] Schuller, G. (1972): Dissertation Universität Würzburg.

Dr. G. Schuller Prof. Dr. J. Stoer
Institut für Angewandte Mathematik
der Universität Würzburg
8700 W ü r z b u r g
Kaiserstraße 27

ISNM 23 Birkhäuser Verlag, Basel und Stuttgart, 1974

EIN DIREKTER ANSATZ ZUR LÖSUNG VERSCHIEDENER KONTROLLPROBLEME

KLAUS SPREMANN

0. EINFÜHRUNG

Bei allgemeinen Kontrollproblemen, für die numerisch eine optimale Steuerung berechnet werden soll, gilt es zu untersuchen, ob indirekte Verfahren (wie etwa eine iterative Erfüllung notwendiger Bedingungen) oder ein direkter 'approach' erfolgversprechender sind. Unser Vorschlag zielt auf eine Charakterisierung des Wertzuwachses durch eine verallgemeinerte Hamiltonfunktion (unter schwächeren Voraussetzungen als dies bei [4], [5] möglich war). So ist u.a. das Maximumprinzip von Pontrjagin (für Probleme mit festem Zeitintervall und mit Randbedingungen für die Trajektorie) erfaßt und hergeleitet [6].

1. PROBLEMSTELLUNG

Bei allen hier betrachteten Einzelproblemen ist gegeben: als Raum der Variablen $X \times U$ das Produkt aus den Räumen X der Zustands- und U der Steuervariablen; ein auf $X \times U$ definiertes Zielfunktional $S : X \times U \to \mathbb{R}$ das maximiert werden soll unter den Nebenbedingungen: Prozeß $T(x,u)=o$; Randbedingung $G(x)=o$ und estriktion $u \in \Omega$; also

$X \times U$ Variablenraum

$S(x,u) = \max!$

$T(x,u) = o \in P$

$G(x) = o \in \Lambda$ und $u \in \Omega$

wobei folgende Voraussetzung erfüllt sein soll:

VO: X, U, P, Λ normierte Räume über $\mathbb{R}$

$\Omega \subset U, \quad \Omega \neq \emptyset$

$S : X \times U \to \mathbb{R}$

$T : X \times U \to P$ und zu jedem $u \varepsilon \Omega$ gibt es ein $x \varepsilon X$ mit $T(x,u)=o$; andernfalls ist Ω entsprechend einzuschränken.

$G : X \to \Lambda$

Eine optimale Steuerung zu finden verlangte sehr viel; da wir linearisieren und ein Iterationsverfahren abbrechen können wollen, beschränken wir uns auf die Berechnung einer ε-fast(δ-lokal)optimalen Variablen (x^o, u^o), d.h.:

(i) $u^o \varepsilon \Omega^o := \{u \varepsilon \Omega \mid$ zu u gibt es ein 'passendes' $x \varepsilon X$ mit $T(x,u)=o$ und $G(x)=o\}$

(ii) Es gibt $\varepsilon, \delta > 0$ so, daß
$S(x^o,u^o) > \sup\{S(x,u) \mid u \varepsilon \Omega^o$ und $|x^o - x| < \delta\} - \varepsilon$
wobei jeweils x zu u passend ist.

Beispiele:

Bsp.1 Festzeitkontrollproblem bei gewöhnlichen DGL
$U := PC_o^m[0,1]$; $X = P := PC_1^n[0,1]$ "PiecewiseContinuous" mit sup-Norm. $\Lambda = R^\ell$

$S(x,u) := \int_0^1 g(x(t),u(t))\,dt$

$T(x,u)(t) := x(t) - a - \int_0^t f(x(s),u(s))\,ds$

$G(x)_\rho = \phi_\rho(x(t_\rho)) \quad \varepsilon\ \mathbb{R}$

$\Omega := \{u \varepsilon U \mid u(t) \varepsilon\, \text{Steuerbereich}(t)\} \cap$ Kugel bez. L_2

Bsp.2 Diskrete Stufenprozesse
wie Bsp.1 aber nicht $t \varepsilon [0,1]$ sondern $t \varepsilon \{0,1,\ldots k\}$

Bsp.3 Kontrollproblem mit Integrodifferentialgleichung

$T(x,u)(t) := x(t) - a - \int_0^t f(x(s),u(s), \int_0^s h(x(\tau),u(\tau))d\tau)ds$

Bsp.4 Markovprozesse. Formulierung in Abschnitt 4.

Bei allen Beispielklassen sind die Operatoren entweder in x linear oder nach x partiell stetig differenzierbar (vgl. die Voraussetzungen w.u.) sodaß man folgende Lösungswege einschlagen kann.

2. LÖSUNGSANSÄTZE

Klassische Maximumprinzipe (PONTRJAGIN, DUBOVITSKII, MILJUTIN, HESTENES, NEUSTADT u.a.) charakterisieren Zielfunktional S und Prozeßoperator T durch Mengen, die man durch konvexe Kegel zu approximieren sucht, um dann eine Trennungsaussage in Form einer Ungleichung zu erhalten. Dazu braucht man als Vorausstzungen die Existenz einer optimalen Steuerung und Regularität (SLATERbedingung). Dies erfordert i.a. das Arbeiten in vollständigen Räumen wie den L_p-Räumen, deren Wahl von den praktischen Problemstellungen her i.a. nicht gerechtfertigt scheint. Schließlich gelingt es nur unter Differenzierbarkeitsvoraussetzungen an S,T und G die Kegel und deren Trennung analytisch als Ungleichung

$$H(p^o,x^o,u) \leq H(p^o,x^o,u^o) \quad \text{für alle} \quad u\varepsilon\Omega$$

einer Hamiltonfunktion $H : P^*\times X\times U \rightarrow \mathbb{R}$,

$$H(p,x,u) := S(x,u) - p(T(x,u))$$

zu beschreiben. Die Kovariable $p^o \varepsilon P^*$ zu (x^o,u^o) ist Lösung der linearen Randwertaufgabe:

$$(\dagger) \qquad (D_1T(x^o,u^o)^*p^o)(\omega) = \begin{cases} D_1S(x^o,u^o)\cdot\omega, & \omega\varepsilon X\setminus Ker(DG(x^o)) \\ 0 \;\varepsilon\; \mathbb{R} & \text{für } \omega\varepsilon Ker(DG(x^o)) \end{cases}$$

Dies bedeutet gerade Gültigkeit des 'adjungierten' Systems auf dem für die Randbedingungen nicht relevanten Bereichs und Gültigkeit der 'Transversalitätsbedingungen'. Die Lösbarkeit der Kovariablengleichung (†) ist im Maximumprinzip ausgesprochen und folgt im Beweis aus der Trennungsaussage. Die Voraussetzungen sind bei gewöhnlichen Kontrollproblemen (Bsp.1) durch die bekannten Differenzierbarkeitsvoraussetzungen für $g : \mathbb{R}^{n+m} \to \mathbb{R}$; $f : \mathbb{R}^{n+m} \to \mathbb{R}^n$ und $\phi : \mathbb{R}^n \to \mathbb{R}^\ell$, ferner durch die Forderung der Lösbarkeit der Prozeßdifferentialgleichung und der Regularität von G gesichert. Für andere Probleme, wie z.B. Bsp.2, kommt man ohne zusätzliche Konvexitätsforderungen nicht aus.

Nun zeigt sich [1], [6], [7] daß die Konvexitätsforderungen, ebenso wie die verlangte Vollständigkeit der Räume nur nötig sind, um im Beweis nach der partiellen Linearisierung von S,T,G bzw. der durch sie und ein optimales (x^o,u^o) festgelegten Mengen und der anschließenden Projektion mit Hilfe der Kovariablen p^o die Restglieder vernachlässigen zu können und dennoch die Ungleichung $H(p^o,x^o,u) \leqq H(p^o,x^o,u^o)$ global für alle $u \in \Omega$ zu erhalten. Im Hinblick auf spätere iterative Nutzungen des Maximumprinzips scheint es sinnvoll, die beiden Beweisschritte 'Teillinearisierung' und 'Vernachlässigbarkeit der Restglieder' zu trennen, da sie unterschiedliche Voraussetzungen verlangen.

Die 'Teillinearisierung' läßt sich dann in nur normierten Räumen und an der Stelle (x^o,u^o) einer beliebigen, nicht notwendig optimalen Variablen herleiten. Man erhält so eine 'Charakterisierung des Wertzuwachses'

$$S(x,u) - S(x^o,u^o) = H(p^o,x^o,u) - H(p^o,x^o,u^o) + \\ + rest(x,x^o,u,u^o) \cdot |x-x^o|$$

wobei $rest(..) \to 0$ für $u \to u^o$ und $x \to x^o$ lediglich unter den Voraussetzungen V0,

V1: S, T stetig partiell nach x differenzierbar
G stetig differenzierbar; x^o regulär für G,

V2: Kovariablengleichung (†) ist lösbar.

Unter stärkeren Voraussetzungen (totale Differenzierbarkeit [5] oder Lipschitzbedingungen bezüglich u [4]) wurde dies ohne Einbeziehung von $G(x)=o$ bereits früher gezeigt.

Ist nun (x^o,u^o) optimal, können in einem Widerspruchsbeweis die Restglieder vernachlässigt werden ohne dabei die Ungleichung der Hamiltonfunktionen zu zerstören, sofern zusätzliche Konvexitätsbedingungen erfüllt sind. Beim Bsp.1 ist dies auf natürliche Weise der Fall; ebenso wie bei den Problemen zur Herleitung des Satzes von KUHN-TUCKER oder der BELLMANschen Funktionalgleichung mit dem eben skizzierten Weg. Über den Beweis des Maximumprinzips von PONTRJAGIN (in normierten Räumen) für Bsp.1 hinaus soll aber dieser Ansatz bei der Berechnung einer optimalen Steuerung auch für die anderen Beispielklassen helfen.

3. NUTZUNG DES MAXIMUMPRINZIPS

Das Maximumprinzip liefert zur Bestimmung eines Lösungstripels p^o, x^o, u^o die Nebenbedingungen, die Kovariablengleichung und die Maximalität der Hamiltonfunktion.

In einfachen Fällen, z.B. bei linearen Kontrollproblemen, oder wenn es gelingt, die Restriktion $u \in \Omega$ durch eine geeignete Substitution verschwinden zu lassen (z.B.: $u \in L_2$, $u(t) \in [-1,+1]$ durch $u(t) := \sin(v(t))$ und $v \in L_2$) gelingt es, aus der Maximumsbedingung die Steuervariable zu eleminieren :

$$el : P^* \times X \to U \quad \text{mit} \quad H(p,x,el(p,x)) = \max_{u \in \Omega} H(p,x,u)$$

Die dabei konstruierte Abbildung el in Prozeß und Kovariablengleichung eingesetzt, führt auf ein Randwertproblem für x^o, p^o. Eine zweite Nutzungsmöglichkeit findet man in der iterativen Maximierung der Hamiltonfunktion, wozu entsprechende Differenzierbarkeitsforderungen für $D_3 H(\cdot\cdot) = \partial H / \partial u$ erfüllt sein müssen.

Ist die Existenz einer optimalen Steuerung nicht gesichert, oder will man in nicht-vollständigen Räumen arbeiten, oder hat man zusätzliche Beschränkungen (etwa daß Steuerungen Treppenfunktionen sein sollen) oder sind bei anderen als den in Bsp.1 formulierten Problemen die Konvexitätsbedingungen nicht erfüllt, hilft das Maximumprinzip von PONTRJAGIN nicht weiter. Mit dem in 2. angegebenen Weg kann man aber auch dann noch mit der Eliminationsmethode oder den Hamiltonfunktionsmaximierungen weiterarbeiten, [7].

. MARKOVPROZESSE

Bei Markovprozessen $\{x^{(\nu)}\}_{\nu\in\mathbb{N}}$, $x^{(\nu+1)} := P(u)^T x^{(\nu)}$ ist die Übergangsmatrix $P(u)$ von der gewählten Politik $u\varepsilon\Omega$ abhängig. Gesucht ist ein $u^o\varepsilon\Omega$, daß für den stationären Zustand $x:=\lim x^{(\nu)}$ den Gewinn $q(u)^T x$ maximiert. Zunächst ist vorausgesetzt, daß alle Politiken irreduzible ergodische Ketten bewirken. Ist dies nicht der Fall, gelingt es, alle 're-current chains' in x so zusammenzufassen, daß ein sinnvoll gestelltes Optimierungsproblem vorliegt. Zur Behandlung mit dem Lösungsansatz aus 2. (Charakterisierung des Wertzuwachses) wird der Prozeß T durch die Fixpunktgleichung $x=P(u)^T x$, ergänzt durch geieignete Normierungsbedingungen, die Mehrdeutigkeit ausschließen, und S durch $q(u)^T x$ festgelegt; G entfällt. Dann sind S und T bereits linear in x und die partielle Linearisierung wird besonders einfach; Restglieder treten nicht auf.

Die iterative Maximierung der Hamiltonfunktion führt direkt auf die Politikiteration von HOWARD: Es ist zu einem beliebigen $u^o\varepsilon\Omega$ die Kovariablengleichung zu lösen (value-determination-operation); anschließend ist

$$\max_{u\varepsilon\Omega} H(p^o,x^o,u) = \langle A(u)p^o,x\rangle$$

zu finden; dazu maximiert man wegen $x_\kappa > 0$ für alle 'states' κ alle Komponenten $(A(u)p^o)_\kappa \;\varepsilon\; \mathbb{R}$.

Berücksichtigt man die Bewertung von $(A(u)p^o)_\kappa$ in der Hamiltonfunktion durch x, so erhält man durch unseren Ansatz Hinweise auf einen verbesserten Algorithmus, [7].

5. LITERATUR

[1] GESSNER,P./SPREMANN,K.: Optimierung in Funktionenräumen. Lecture Notes in Economics and Math. Systems, 64 , 1972

[2] GIRSANOV, I.V.: Lectures on Mathematical Theory of Extremum Problems. Lecture Notes in Ec. a. Math. Sys.67,1972

[3] LAURENT,P.J.: Approximation et optimisation. Collection Enseignement des sciences, 13; Hermann, Paris 1972

[4] LUENBERGER,D.G.: Optimization by Vector Space Methods. Wiley&Sons, New York 1969

[5] ROZONOER,L.I.: L.S.Pontryagin Maximum Principle in the Theory of Optimum Systems. Aut.a.Remote Control, 2o (1959) 1o, 11, 12, pp. 1288-1392 / 14o5-1421 / 1517-1532

[6] SPREMANN,K.: Optimierung verschiedener Steuerungsprobleme mit einem funktionalanalytischen Maximumprinzip. ersch. 1974 in ZAMM

[7] SPREMANN,K./GESSNER,P.: Konstruktive Optimierung dynamischer und stochastischer Prozesse. Math.Syst.in Econ. 8 Verlag Anton Hain, Meisenheim am Glan 1973

Dr.Klaus Spremann
Institut für Wirtschaftstheorie
und Operations Research
Universität Karlsruhe

D-7500 KARLSRUHE 1
Kaiserstr.12
Coll.am Schloß IV

ISNM 23 Birkhäuser Verlag, Basel und Stuttgart, 1974

ÜBER EINE NOMOGRAPHISCHE METHODE FÜR OPTIMIERUNGSAUFGABEN

Hiroshi Yanai
(unter Mitarbeit von Yoshimitsu Takasawa)

A graphical procedure is presented to obtain an approximate solution to the minimization problem of the following form:
Minimize the function

$$\varphi(t_o,t_1,\dots,t_{n-1},t_n)=g(t_o,t_1)+g(t_1,t_2)+\dots+g(t_{n-1},t_n)$$

subject to the constraints

$$t_o \leq 0 < t_1 < t_2 < \dots < t_{n-1} < T \leq t_n$$

where n, the number of the variable, is not predetermined. The nomograph for the procedure is constructed of contour lines of the function $g(.,.)$ as well as two other auxiliary curves.

Es handelt sich um eine nomographische approximative Lösungsmethode der folgenden Minimierungsaufgabe:

$$(1) \qquad g(t_o,t_1) + g(t_1,t_2) + \dots + g(t_{n-1},t_n) = \min!$$

unter der Bedingung

$$t_o \leq 0 < t_1 < t_2 < \dots < t_{n-1} < T \leq t_n$$

wobei T eine vorgegebene positive Konstante, aber die Anzahl der Variablen $n+1$ vorher unbekannt ist. Mit

und

(3) $$(t_o, t_1, \ldots, t_i, u, t_{i+1}, \ldots, t_n)$$

zu vergleichen, hätte man nur $g(t_i, t_{i+1})$ und $g(t_i, u) + g(u, t_{i+1})$ zu betrachten. Nehmen wir an, daß u optimal gewählt wird, d.h.

(4) $$h(t_i, t_{i+1}) := g(t_i, u) + g(u, t_{i+1}) =$$

$$= \min_{t_i \leq \mu \leq t_{i+1}} [g(t_i, \mu) + g(\mu, t_{i+1})] \quad .$$

Wir nehmen weiterhin an, daß es eine Funktion $\eta(t_i)$ gibt, so daß

$$g(t_i, t_{i+1}) \begin{smallmatrix} < \\ = \\ > \end{smallmatrix} h(t_i, t_{i+1}) \qquad \text{falls} \quad t_{i+1} \begin{smallmatrix} < \\ = \\ > \end{smallmatrix} \eta(t_i)$$

Es folgt aus diesen Beziehungen, daß die Folge (3) besser ist als Folge (2), wenn $t_{i+1} > \eta(t_i)$ und umgekehrt.

Wenn man die Funktion $\eta(t_i)$ in t_i-t_{i+1} Koordinatensystem zeichnet, kann man die Optimalität der Folge einigermaßen beurteilen. Diese Kurve wird "critical curve" genannt.

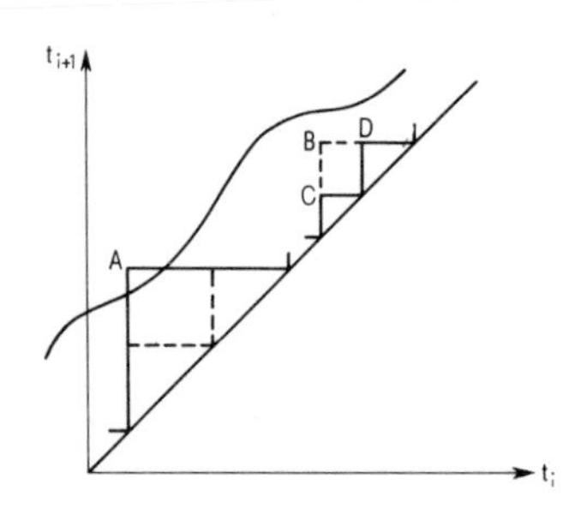

Fig. 2

anderen Worten, gegeben ist ein Intervall $[0,T]$, aus dem man eine Folge von Punkten $t_0, t_1, \ldots, t_n$ auswählen soll, so daß die Zielfunktion minimalen Wert habe.

Betrachten wir ein Koordinatensystem mit horizontaler t_i-Achse und vertikaler t_{i+1}-Achse, so daß die Folge $(t_0, t_1, \ldots, t_n)$ einer Treppe entspricht. Wir versehen das Koordinatensystem mit drei Klassen von Kurven, damit wir die approximative Lösung erreichen können.

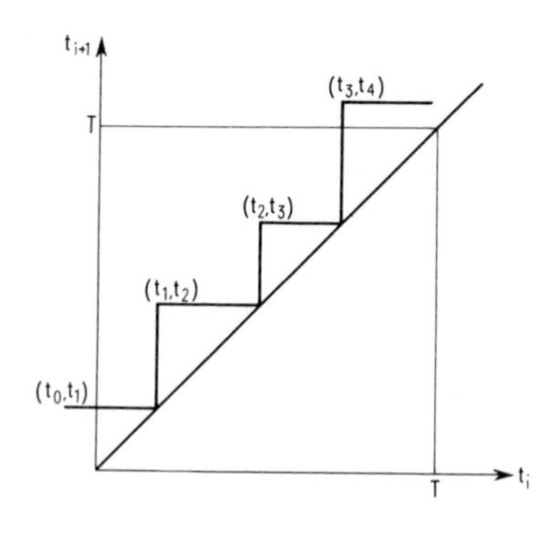

Fig. 1

1. Höhenlinien von Funktion $g(t_i, t_{i+1})$

Mit Höhenlinien von Funktion $g(t_i, t_{i+1})$ kann man den Wert der einzelnen Summanden der Funktion für eine Folge ablesen.

2. Critical Curves

Um die Zielfunktionswerte von zwei Folgen

(2) $$(t_0, t_1, \ldots, t_i, t_{i+1}, \ldots, t_n)$$

(a) Durch Unterteilung der Stufe A kann der Wert der Zielfunktion verringert werden.

(b) Stufen C und D müssen in einer Stufe vereinigt werden, damit man den Wert der Zielfunktion verringern kann.

3. Optimal Bisectioning Curves

Wir haben optimale u in (4) gerechnet. Diese ist aber eine Funktion von t_i und t_{i+1}, d.h. $u(t_i, t_{i+1})$. Wir versehen das Koordinatensystem mit den Höhenlinien dieser Funktion und nennen diese "optimal bisectioning curves". Mit diesen Kurven kann man:

(a) eine Stufe in die quasi-optimale Doppelstufe teilen - optimal unter allen Doppelstufen -, und eine nicht-optimale Doppelstufe kann mit einer quasi-optimalen Doppelstufe vertauscht werden.

(b) Von einer Stufe kann man die nächste Stufe quasi-optimal konstruieren in folgender Art: Gegeben ist eine Stufe (τ_{i-1}, τ_i), dann kann das quasi-optimale τ_{i+1} als die Ordinate des Schnittpunkts von der senkrechten Geraden $\tau_i = \tau_{i-1}$ und der optimal bisection curve, die durch den Punkt (τ_i, τ_i) geht, gefunden werden.

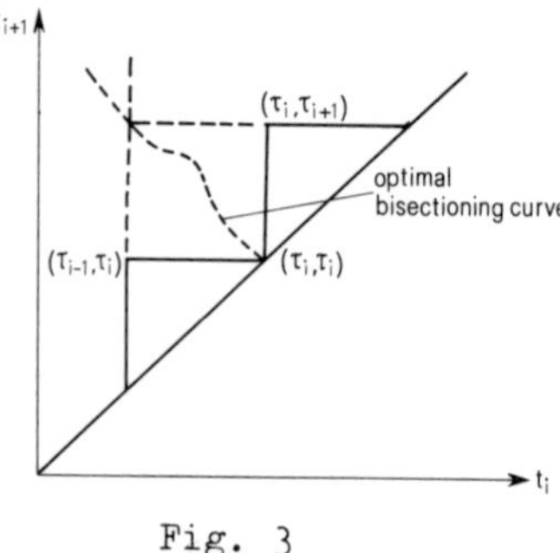

Fig. 3

Es gibt einige Möglichkeiten, mit diesen Kurven zu arbeiten, wie z.B. (a) Iterative Modifikationen der Annäherungstreppe, (b) Konstruktion der "quasi-optimalen Treppen" in Bezug auf den Punkt (t_0, t_1) usw. Insbesondere ist (a) nach der Erfahrung von Autoren für numerische Behandlung sehr geeignet.

<u>Beispiel</u> Die Funktion

$$f(t) = t^2 \qquad t \in [1,10]$$

soll in L^2-Norm durch Treppenfunktion approximiert werden. Die Kostenfunktion setzen wir zusammen aus dem L^2-Fehler und einer Konstantengröße c für jede Stufe. Daraus ergibt sich die folgende Kostenfunktion:

$$g(t_i, t_{i+1}) = \frac{t_{i+1}^5 - t_i^5}{5} - \frac{(t_{i+1}^3 - t_i^3)(t_{i+1}^2 + t_{i+1}t_i + t_i^2)}{9} + c$$

Es ist eine mühsame Arbeit,die oben eingeführten drei Klassen von Kurven bereitzustellen. Das geht kaum ohne Hilfe eines Computers. Wir haben die Werte der Funktion $g(.,.)$ in 55 Gitterpunkten dem Computer eingegeben und die Kurven auf Fernsehschirme zeichnen lassen. Fig. 4 zeigt den Fall mit $c = 10$.

Wir haben mit diesem Bild die approximative Lösung bekommen. Wir haben die Lösung mit der iterativen Modifikation gesucht, und wir haben auch mit sogenannten Relaxationsverfahren eine Lösung versucht. Dabei haben wir dem Computer direkt die algebraische Form der Funktion $g(.,.)$ mit ihren Ableitungen eingegeben. Die approximative Lösung hatte Fehler von etwa 1~3%.

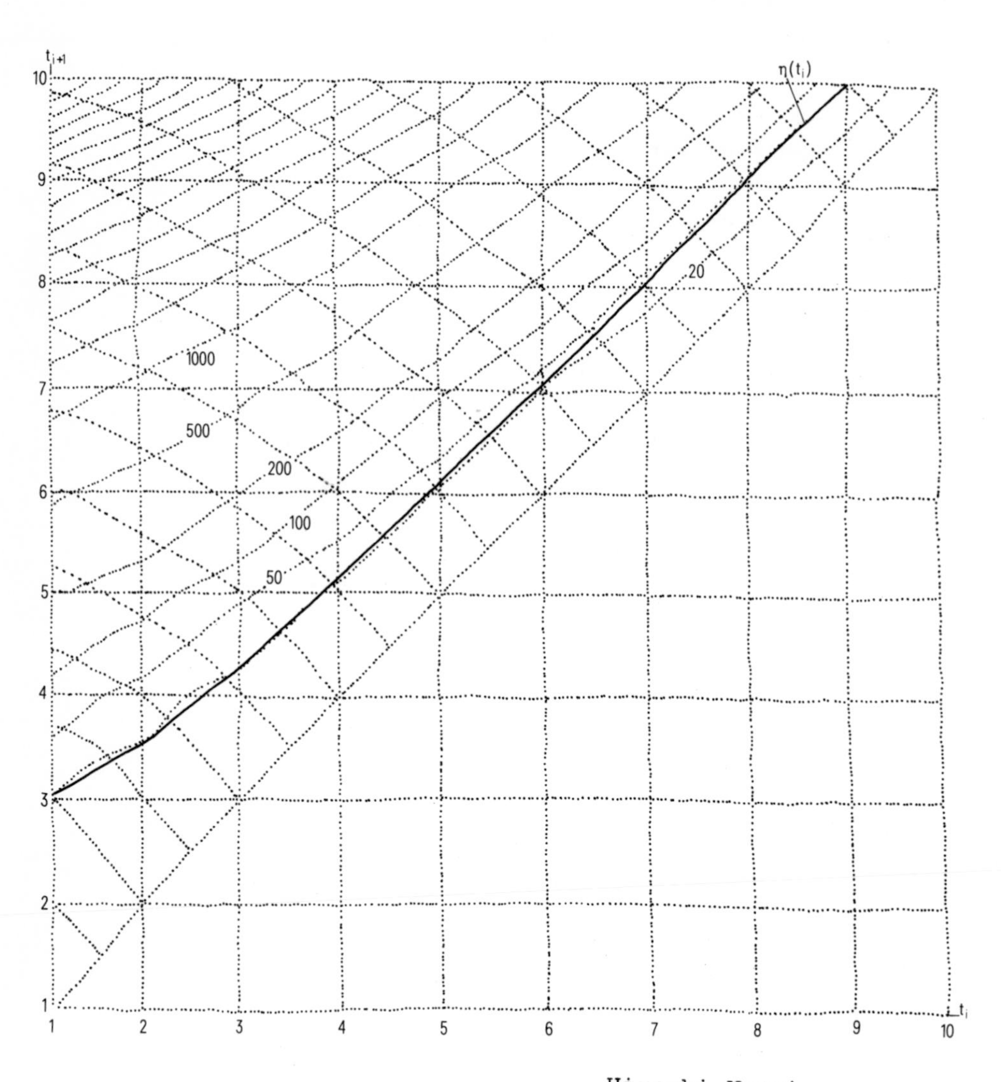

Fig. 4

Hiroshi Yanai
Universität Keio
Faculty of Engineering
832 Hiyashi, Kohoku-ku
Yokohama, Japan

Yoshimitsu Takasawa
Universität Yamanashi
Kofu-shi
Yamanashi, Japan

ISNM 23 Birkhäuser Verlag, Basel und Stuttgart, 1974

A PROBLEM ASSOCIATED WITH THE PRACTICAL APPLICATION OF CONJUGATE GRADIENT AND VARIABLE METRIC METHODS TO AN OPTIMAL CONTROL PROBLEM WITH BOUNDED CONTROLS

J. L. de Jong

The numerical solution is considered of an optimal control problem which was generated by the introduction of controlling variables and an objectfunctional to be minimized [1] in a simplified version of the World-2 model of Forrester [2]. This problem has been attacked with the gradient method in function space (first discussed by Kelley [3] and Bryson and Denham [4]), the versions of the conjugate gradient method in function space discussed by Lasdon et al. [5], and by Sinnott and Luenberger [6] (and Pagurek and Woodside [7]), respectively, and the Davidon-Fletcher-Powell-method in function space discussed by Horwitz and Sarachik [8]. In this particular application the bounds on the control variables have been taken into account by "clipping", i.e. in the case of constraint violations the values of the control variables generated by the linesearch procedure are set back to their limiting values (see [7]). When this technique is used, the last three methods mentioned require only slightly fewer iterations than the ordinary (slowly converging) gradient method, a result which is in contrast to the positive statements about these methods in the literature. A possible reason for this inferior behavior is the use of orthogonal projection of the search-directions on the constraints (by "clipping") instead of non-orthogonal projection. The (as yet unsolved) problem referred to in the title is how to devise an efficient practical way for carrying out this nonorthogonal projection in the function space context.

References

1. Rademaker, O: Project Group "Global Dynamics" Progress Reports nrs. 1 (april 1972) and 2 (dec. 1972), O. Rademaker Coordinator, Eindhoven University of Technology, Eindhoven.

2. Forrester, J.W.: World Dynamics, Wright-Allen Press, Cambridge, Mass. 1971.

3. H.J. Kelley: Gradient theory of optimal flight paths, ARS J, 30 (1960), pp 947-953.

4. A.E. Bryson, Jr. and W.F. Denham: A steepest ascent method for solving optimum programming problems, Trans. ASME Ser. A., J. Appl. Mech. 29 (1962), pp 247-257.

5. L.S. Lasdon, S.K. Mitter and A.D. Waren: The conjugate gradient method for optimal control problems, IEEE Trans Autom. Control, AC-12 (1967), pp 132-138.

6. J.F. Sinnott, Jr. and D.G. Luenberger: Solution of optimal control problems by the method of conjugate gradients, Proc. Joint Automatic Control Conference, 1967, Philadelphia, Pa, pp 566-574.

7. B. Pagurek and C.M. Woodside: The conjugate gradient method for optimal control problems with bounded control variables, Automatica, 4 (1968), pp 337-349.

8. L.B. Horwitz and P.E. Sarachik: Davidon's method in Hilbert space, SIAM J. Appl. Math. 16 (1968), pp 676-695.

ISNM 23 Birkhäuser Verlag, Basel und Stuttgart, 1974

A NOTE ON THE SLATER-CONDITION

Frank Lempio

First we demonstrate the importance of different constraint qualifications for semiinfinite programming problems, penalty methods, and discretization methods for optimization problems in function spaces. Next we point out that all these constraint qualifications are special cases of a general Slater-condition for infinite linear or differentiable optimization problems. Then we prove the validity of this condition for an optimal control problem governed by an equation of evolution, whose control variables occur within initial and boundary conditions.

The complete version of this talk is to appear in "Revue d'analyse numérique et de la théorie de l'approximation".

Priv.-Doz. Dr. Frank Lempio
Institut für Angewandte Mathematik
der Universität Hamburg
D-2ooo Hamburg 13
Rothenbaumchaussee 41

ÜBER DIE KONVERGENZ DES DAVIDON-FLETCHER-POWELL VERFAHRENS

J. Werner

Die wesentlichen Teile des Vortrages erscheinen in folgenden Arbeiten:

Über die Konvergenz des Davidon-Fletcher-Powell-Verfahrens für streng konvexe Minimierungsaufgaben im Hilbertraum.
Erscheint demnächst in Computing.

Das Davidon-Fletcher-Powell-Verfahren und seine Anwendung auf nichtlineare gewöhnliche Randwertaufgaben.
Erscheint demnächst in ISNM.